设计心理学：打动消费者的 61 个法则

[日本] 中村和正　著

潘琳　译

江苏凤凰科学技术出版社 · 南京

江苏省版权局著作权合同登记号图字：10-2020-294

图书在版编目（CIP）数据

设计心理学：打动消费者的 61 个法则 /（日）中村和正著；潘琳译. — 南京：江苏凤凰科学技术出版社，2023.12
ISBN 978-7-5713-3664-6

Ⅰ. ①设… Ⅱ. ①中… ②潘… Ⅲ. ①产品设计－应用心理学 Ⅳ. ① TB472-05

中国国家版本馆 CIP 数据核字 (2023) 第 138210 号

设计心理学：打动消费者的 61 个法则

著　　者	[日本] 中村和正
译　　者	潘　琳
项目策划	凤凰空间／杨　易
责任编辑	赵　研　刘屹立
特约编辑	曹　蕾
出版发行	江苏凤凰科学技术出版社
出版社地址	南京市湖南路 1 号 A 楼，邮编：210009
出版社网址	http://www.pspress.cn
总　经　销	天津凤凰空间文化传媒有限公司
总经销网址	http://www.ifengspace.cn
印　　刷	河北京平诚乾印刷有限公司
开　　本	710 mm×1 000 mm　1／16
印　　张	10
字　　数	229 600
版　　次	2023 年 12 月第 1 版
印　　次	2023 年 12 月第 1 次印刷
标准书号	ISBN　978-7-5713-3664-6
定　　价	79.80 元

前言

感谢读者购买本书。

购买本书的读者可能对心理学有一定兴趣。在此，我想讲述一下本人的经历，并介绍一下本书内容会对哪些人有所帮助。

我从 2003 年开始接触互联网工作。当时我刚刚大学毕业，进入一家地方上的广告代理公司，被分配到新成立的网站事业部，开始了网站制作的学习。

虽然并不是自己最初的意愿，但在工作过程中，我感受到网站制作的乐趣，并想谋求更好的工作机会，于是便跳槽到日本东京的一家网站制作公司，开始接触到企业策划、信息设计等多种工作。

刚到东京时，我预想中的东京网站制作行业拥有整齐划一的工作流程和久经磨炼的设计理论，然而，实际看到的却是众多一边摸索着最佳方案一边推进的项目。并不是说那家公司不好，它的工作方式是模仿评价很高的网站，参考许多文章，一边试错一边推进项目，当时就是那样的时代。

这时，我接触到了认知心理学。最初我只知道认知心理学可以提供沟通技巧，查阅资料后，我发现认知心理学与网站的用户界面和市场营销结合的相关文献非常多，凭着单纯的求知欲，我开始收集各种资料。然后，我以认知心理学为基础进行构思，将这些知识应用到企业策划和信息设计的实际工作当中。最重要的是，我在向客户进行 PPT 演讲的时候，应用心理学的方法更容易说服客户。

我想，购买本书的读者如果是从事网站用户界面制作、市场营销等工作的人，是在企业策划、设计中试错的人，是困惑于不知如何下手的人，是困惑于 PPT 演讲无法具有说服力的人，那么这本书将为你们提供一些参考。

本书由两章构成，分别是从心理学的角度考虑用户界面和市场营销，均根据实际项目案例总结而成，读者可以从中找到迅速应用的技巧。

最后，我想提醒读者，面对电脑时最容易忘记我们工作要面对的终究是人。如果读者在阅读本书时，开始深入了解人并感到有趣，那就太好了。

中村和正

目录

页码

页码

页码

页码

页码

内容索引

本书从思考的策略层面出发，分为用户界面（User Interface，缩写为 UI）设计相关和营销相关两章。在这里按不同的用途提供了读者想要查阅的内容，以便读者加深理解，也希望本书能够给没有时间、有明确目的的读者提供参考。

公司网站的应用视角

公司网站的主要利益相关方有消费者、客户、股东、员工及他们的家人、求职者等。由于访问网站的用户目的不同，因此具有一个能够让他们快速获取目标信息的导航和 UI 至关重要。

本书推荐内容

电商网站的应用视角

对于电商网站（E-commerce，缩写为 EC）来说，提高销售额、让客户购买商品是第一位的。另外，增加单次购买的金额、通过客户关系管理（Customer Relationship Management，缩写为 CRM）等提高登录网站的频次，对于增加销售额至关重要。

本书推荐内容

广告登录页面的应用视角

标题栏（banner）和列表（listing）等处的广告访问页面，很多情况下是不被主动访问的。目的是要通过第一眼来引起用户的兴趣，传达商品的魅力，使用户能够继续完成申领试用品等预设行为。让用户接受产品是非常必要的。

本书推荐内容

应用程序（APP）开发的应用视角

用户访问其他信息时弹出的大字标题广告，想要引起用户的兴趣，视觉效果和广告文案是非常重要的。

本书推荐内容

本书结构

本书由2章构成，第1章主要讲述用户界面，第2章主要讲述营销逻辑（marking logic）。每节提炼1个关键词，读者可以学习与之相关的心理现象及其在网站设计上的应用。版面结构如下所示：

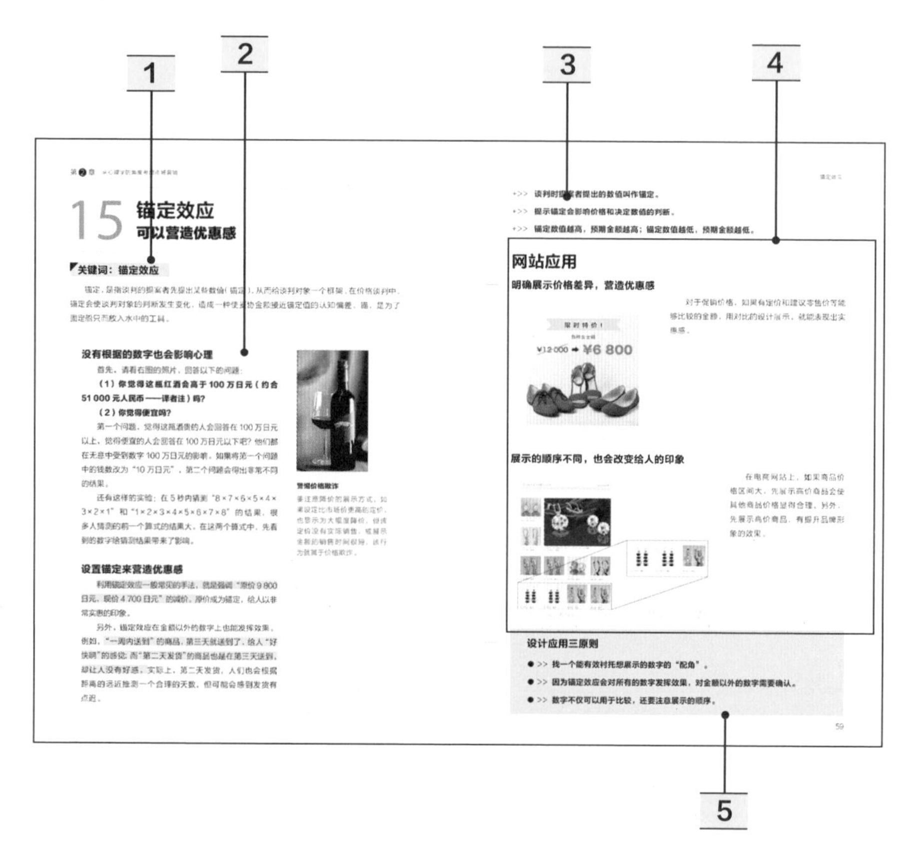

1 | 关键词（key word）

描述心理现象或心理偏见的关键词及其基本解释。

2 | 心理解释

与心理现象相关的具体案例，以及在网站设计中的应用方法。

3 | 要点

对“关键词”“心理解释”内容的复习，列举3个要点。

4 | 网站应用

在考虑心理现象的基础上，介绍网站设计、网络营销的具体应用案例。

5 | 设计应用三原则

对“网站应用”的总结，总结网站设计和网站服务设计时的要点。

第1章

从心理学的角度考虑用户界面

内容简介

人的视觉与用户界面

我们凭着各种经验来设计网站，不停地下功夫，希望使它变得更加方便，成为切实能够让人获取目标信息的媒介。虽然技术标准很容易变化，去年还在流行的设计可能会被抛弃，但不变的是“使用网络的人”。在进行用户界面（UI）设计时，要预先理解“人”是如何进行认识、如何理解事物的机制。

网站 UI 与认知心理学的关系

瞬息万变的网络技术和一成不变的人类感觉

世界上最早的网站由万维网（World Wide Web）的开发者蒂姆·伯纳斯·李（Tim Berners-Lee）博士于1991年8月6日发布。从那时起，经过短短30余年的时间，网站已经渗透我们生活的方方面面，极大地提升了生活的便利性。

然而，网站制作的规则、理论、形式每天都在改变，短短几年就面临一次更新换代。在这过程中，人们在设计网站 UI 相关的内容时，越来越多地融入了认知心理学。浏览网站时调动的知觉主要是视觉，虽然人认识和信息的处理机制会受到环境变化等因素的影响，结果会有所不同，但本质上并没有发生大的改变。

也就是说，如果从认知心理学的角度出发来思考网站 UI，即使技术可能会过时，也仍有可取之处；而且，当新的技术出现的时候，它依然能够成为使用指南。

本章以视觉为中心，介绍了为让网站 UI 容易使用，更加易懂，应该提前了解的理论和改善的要点。

人的视觉有多敏锐，又有什么样的视觉陷阱呢？本章将会介绍几个有代表性的现象。

周边视野与中心视野
人是如何浏览网站的？

眼睛获取信息的方法

眼睛聚焦于眼前一个点的状态，点周围能够看到的范围称为视野。视野分为周边视野与中心视野。周边视野的主要作用是抓住图像整体，人在凝视中心的时候也能捕捉周围的情况。而中心视野是视线聚焦处，且能够看清细节的区域，人在读到感兴趣的标题，或想要单击鼠标按键时，那里就处于中心视野。

辨识图像整体的周边视野

我们来对比一下右边的两张图吧。上面的“周边视野”图，中央被遮挡了，看不到遮挡的内容，图片经过加工而变得模糊不清。下面的“中心视野”图，以标题为中心经过了剪裁，图片的焦点非常清晰，然而，周围的信息却无法读取。“中心视野”图，与我们平时有意识地观察事物时的状态很相近。通过对比这两张图我们知道，在“周边视野”状态下，即使无法读取关键的文字信息，无论在什么样的网站，也能判断哪里会出现进行下一步操作的按钮等。“周边视野”对认知图像整体是有用的。另外，周边视野与中心视野相比，具有“视线聚焦程度低，但对危险的反应速度快”的特征。

设计上不要做的事

如果周边视野上有闪烁或移动的对象，人的注意力就会被吸引，如同人行走在街上时能察觉到危险的动向一样。比如，广告和侧边广告栏（side banner）闪烁变换，人的注意力就转向那里了。相反，如果有希望获得人们关注的内容，可以通过幻灯片滑动效果等动态展示，激活人们的周边视野。

周边视野

即使在焦点偏离、看不到注视的东西时，也能掌握一定程度的信息。

中心视野

尽管能看到关注的信息，而一旦周围被隐藏起来，就真的陷入“看不到状况”的状态。

认识模式
人总想找到模式

“自由”的形状成为大脑的负担

人通过视觉获取的信息，被处理和传递到大脑，从而产生“看见了”的感觉。眼睛看到的形状、颜色、动作等信息，在大脑中各自有专门的处理，并为人理解其内容而作出判断。在对形状的感知中，关于平面的形状，人习惯于为了高效理解而找出固定模式。关于这一点，在本章的“格式塔分组法”（详见第 28 页）中有介绍。下面先来比较一下两个版面设计。

（A）

日本的历史

旧石器时代
在日本列岛，被确认的人类历史可追溯到大约 10 万年前。
但是，这被认为是丹尼索瓦人等古人类留下的。
现代人类最初的到来时间被认为是距今 35000~40000 年前。
绳文时代
绳文时代，从年代来说，距今约 16500 年前（公元前 145 世纪）到约 3000 年前（公元前 10 世纪）；从地质年代来说，是从更新世末期到全新世在日本列岛发展的时代；从世界史来说，是相当于中石器时代乃至新石器时代的阶段。
弥生时代
公元前 9 世纪左右到 3 世纪左右的这段期间被称为弥生时代。
该时代名称来源于具有这个时期特征的弥生土器。
在弥生时代的开始期，从大陆来的属于单倍群 O1b2（Y 染色体）的弥生人到达（日本列岛）。

（B）

日本的历史

旧石器时代
在日本列岛，被确认的人类历史可追溯到大约 10 万年前。
但是，这被认为是丹尼索瓦人等古人类留下的。
现代人类最初的到来时间被认为是距今 35000~40000 年前。
绳文时代
绳文时代，从年代来说，距今约 16500 年前（公元前 145 世纪）到约 3000 年前（公元前 10 世纪）；从地质年代来说，是从更新世末期到全新世在日本列岛发展的时代；从世界史来说，是相当于中石器时代乃至新石器时代的阶段。

弥生时代 公元前 9 世纪左右到 3 世纪左右的这段期间被称为弥生时代。
该时代名称来源于具有这个时期特征的弥生土器。
在弥生时代的开始期，从大陆来的属于单倍群 O1b2（Y 染色体）的弥生人到达（日本列岛）。

这两个版面设计中的内容是相同的，不过，信息的传递方式是相同的吗?

虽然文字是一样的，但（A）更容易看清，可以说是一目了然。这是因为标题和正文的排版模式化，使人可以马上找到其中的规律。而对于看上去没有条理的（B），若想找到其中的逻辑，就要花费多余的精力。

设计上不要做的事

在网站的设计中，将标题和正文的设计、文字大小，以及空白、按钮的设计等规则化，设计成用户容易理解的模式是非常重要的。另外，并不是只要有规则就行。因为人有将习惯的东西或过去的知识应用到未知事物上的能力，所以新规则最好不要违反自然规律，以及既有的规则和工具。

视觉的特点
吸引人的、不吸引人的东西是固定的

即使进入视野，也有不会被发现的时候

有一个著名的“大猩猩实验”视频，心理学家安排志愿者观看几个人传递篮球的录像并回答相关人员的传球次数，为了能够回答正确，很多人专心看球而不会注意到视频中出现了穿着大猩猩服装的人。由此可见，人们在关注某些事物时，容易忽略眼前发生的其他事情（特别是意料之外的事情）。

要注意判断是“不想做”还是“看不到”

例如，在新闻网站上有会员登录的横幅（banner），很多用户也会因未登录漏掉新闻。但是，用视觉追踪（eye tracking）和热图（heat map）分析，会给人一种“虽然看了，但是没有会员登录”的感觉。实际上，这并不是意愿的问题，因为“看不到”的可能性很大，所以有必要在改进时注意。

人脸是特别的

人对于人脸的识别优先度比其他的都高，即使是初次见面的人也能从脸上察觉到性格和感情等。实际上，人的大脑里有一种能将对人脸的认知特殊化的区域，被称为梭状回面孔区，人在出生后 2 个月左右开始区别人脸和非人脸。

无论是网站、偶然打开的网页，还是缩略图，只要有人脸，人就会自然而然地予以关注。所以，在网页设计中，可以利用照片上的人来引导用户的视线。

男性移开视线的场景照片。观者也会注视男性的视线方向。

了解认知心理，有助于设计出更好的 UI

像这样以认知心理学为中心的研究，关注点是人们如何认识和记忆看到的事物。虽然很多人用经验规律，不知原理而做的设计也是适用的，但如果能够了解原理，并运用至 UI 设计中去，可能会收到更理想的效果。

凝视着前方的女性，流露出似乎看透一切的表情。观者会关注她的表情。

01 视线分析
从视线中隐藏的心理的角度思考 UI 设计

关键词：视线分析

根据神经语言程序学（Neuro-Linguistic Programming，缩写为 NLP）的研究，可由视线读取人的心理状态。人在回忆起某些情景的时候，会向上看；在有意识地回想过去的事情的时候，会向左看。这是人的心理活动在视线上的表现。

人在撒谎的时候，会向右看，这是真的吗？

俗话说“眼睛比嘴更会说话”，眼睛是唯一外露的与大脑相连的器官，可以说是最容易表现出人的心理状态的部分。“视线分析”研究是由人的视线移动来读取人的心理状态，人的视线与意识的特征如下图所示。

也就是说，当被问到“你昨天晚上干什么了？”时，如果对方说实话，是一边回忆昨晚的情景一边讲述，眼睛会向左上方看。而当人在撒谎时，头脑中要制造新的虚假信息，眼睛会向右上方看。所以说“人在撒谎的时候，会向右看”。

现在，若想利用这一效应提高网站可用性，可以尝试关注时间的流向。由下图可知，人产生指向过去的意识（记忆）会看向左边，人产生指向未来的意识（创造）会看向右边。

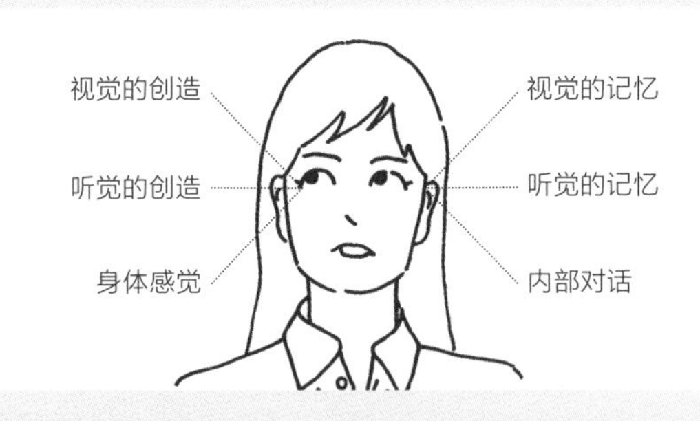

在网页翻页的时候，是浏览器读取页面，并不是向右滚动，不过，我们还是能够感觉到前进的时候向右，返回的时候向左滚动。实际上，浏览器的浏览历史按钮是单击“←”返回前一页，单击“→”前进到下一页；使用智能手机时，是从左向右滑动返回，不会使人有感觉上的失调。

为了洞察用户的视线

通过视觉跟踪技术，利用专门的装置可以测量用户视线的运动轨迹和视线的停留时间，使用户视线可视化。近年来，与智能手机、平板电脑对应的产品也出现了，人们能更便捷地使用到这项技术。

+>> **视线与心理状态是相互关联的。**

+>> **视线向左时，人是在回忆过去；视线向右时，人是在畅想未来。**

+>> **意识到时间的进程，可以制作出自然的用户界面。**

网站应用

适当设置动作按钮（action button）

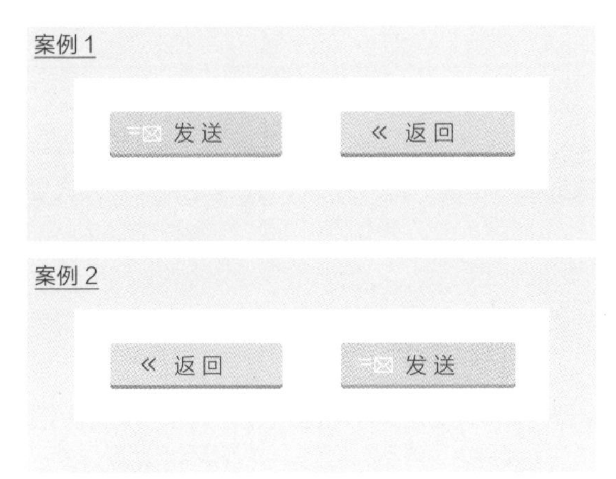

将“前进”方向设置在右侧比较合适。用户是凭感觉进行操作的，如果是案例 1 的设置，很可能会造成用户明明是想进行下一步，却误点了“返回”按钮。

轮播动作

为了滑动轮播主图（hero image）而设置的“<”“>”按钮。当单击“<”时，画面向左侧滑动；当单击“>”时，画面向右侧前进，是很自然的。如果设置成相反的动作，用户可能会失去时间序列感。

设计应用三原则

- >> **表示“前进”的动作按钮设置在右边。**
- >> **有轮播等动作，将向右设计成前进方向。**
- >> **表现时间的进程时，应设计成由左及右。**

02 库里肖夫效应
连续图像产生的故事

关键词：库里肖夫效应

苏联电影导演、电影理论家列夫 · 库里肖夫（Lev Kuleshov）通过实验展示认知的偏差，将镜头通过电影蒙太奇剪辑，发现了同一镜头的前后位置不同，它在人们心中的含义和性质也会不同。

因前后信息不同而改变的印象

首先，请看图中的镜头。

这是库里肖夫的实验内容，第一个镜头是面部表情完全相同的男人，在调查中询问被访者：“这时这位男性是什么样的情感？”观众看到的：第 1 段是“饥饿”，第 2 段是“悲伤”，第 3 段是“欲望”。在看过连续画面后，人们从表情完全相同的男性身上，感受到了不同的情感。

列夫 · 库里肖夫的代表作

因“库里肖夫效应”而广为人知的库里肖夫，除做电影导演外，还担任编剧、演员等。其代表作有《西方先生在布尔什维克国的奇遇》，该电影曾在全世界公开放映。

借助形象的力量来提高品牌效应

假设有两张某化妆品的海报，一张是以 50 多岁肌肤清透的女性为背景，另一张是以 20 多岁的时髦女性为背景，采用相同的包装。前者是抗衰老效果好的商品；后者是不太昂贵的商品，给人以年轻人也买得起的印象。当然，商品名、包装等也能够传递商品的特征，而图片拥有更强大的宣传力量。

应用库里肖夫效应，就是灵活运用图片来创造符合商品形象的故事。使用人物图片能够让年龄相近、同性别的人感到亲近，使用场景图片能够让人联想到商品的使用场景。

+>> **图片组合方式的不同，可以改变人们对它的印象。**

+>> **同一张人脸的图片，配合不同场景，可以让人感受到不同的人物情感。**

+>> **照片与视觉效果的不同组合方式，会改变人们对商品、品牌的印象。**

网站应用

使用“人物的形象”来明确目标用户

案例 1

案例 2

虽然是同样的商品，但看上去给人的感觉却完全不同。通过使用接近预期目标用户的模特照片，可以让有意购买该商品的用户群感到这是他们适用的商品。

创造故事来传达形象

仿照分镜，组合多种形象，来创造出故事情节。与纸媒不同，在网站上可以通过切换多张图片的手法来展示。在右图中，虽然商品仅出现在第三张图片上，但随着故事的推进，整个组合镜头向用户传达了“这是一款与盛夏非常适配的橘子饮料”的形象。

设计应用三原则

- >> **通过组合图片来强调想要传达的信息。**
- >> **使用人像时要注意适配目标用户的范围。**
- >> **通过使用多张图片的方式来讲故事，能获得很好的效果。**

03 功能可见性
你为什么转动那个把手？

关键词：功能可见性

功能可见性是由美国的知觉心理学家詹姆斯 · J. 吉布森（James Jerome Gibson）提出的术语，用于解释生物与环境的对应关系。唐纳德 · A. 诺曼（Donald Arthur Norman）在设计的认知心理学研究中提出，功能可见性指物体所具备的、人类能够察觉到的“行为的可能性”。

实际上，在日常生活中充满着功能可见性

假设遇到一扇门，看到门上的把手，你会怎么做？会转动把手推（或者拉）开门吧。然而，附近并没有关于开门方法的说明。

这就是人会根据以往的经验，凭着“只要转动门上面的把手就能够打开门”的记忆而展开的行动，即使没有特别的说明，也能想起如何操作。如果门上不是把手，而是能用手指抠的凹陷，那么肯定是横着滑动开门的。就像这样，人根据对物品形状的经验而做出动作就是“功能可见性”。

看到遥控器上向右的三角，会认为是“播放”；看到有刀叉，会以正确的方法拿在手里。如果是第一次见到某个形状的工具，很可能连拿握的方法都不知道。

诺曼的误用

吉布森提出的“功能可见性”是指动物和物体之间存在的行为是有或无的可能性，并不是通过形状等来认识这种行为。这个误用本身，诺曼本人也承认，后来发表了类似“在本人的著作中使用的‘功能可见性’一词，不是其原意，而是被感知的功能可见性”这样的解释。

功能可见性在网络上的应用

网络的历史还比较短，还有很多没有建立网络功能可见性的部分。不过，在网页上或电脑文件中，类似蓝色文字带下划线是附带链接的，带阴影的矩形框可以输入文本等基础类常识，大部分使用者还是可以意识到。此外，按钮可以加上阴影产生立体感，成为让人去点击的对象，这些都是日常生活中的功能可见性在网络上的应用，而脱离了人们日常行为习惯去设定的规则很难应用于实际操作中。因此，为了制作出简单易懂的用户界面，利用网络和日常生活中的功能可见性非常重要，迷茫的时候参考一下亚马逊或雅虎这些用户访问量多的网站也是不错的选择。

+>> **物品和用户界面的设计，使形状本身能够传递操作方法的信息。**

+>> **把手、按钮等常见形状，能够瞬间传递操作方法。**

+>> **利用网络上常见的 UI 形式，能够提高功能可见性。**

网站应用

网站上确立的功能可见性

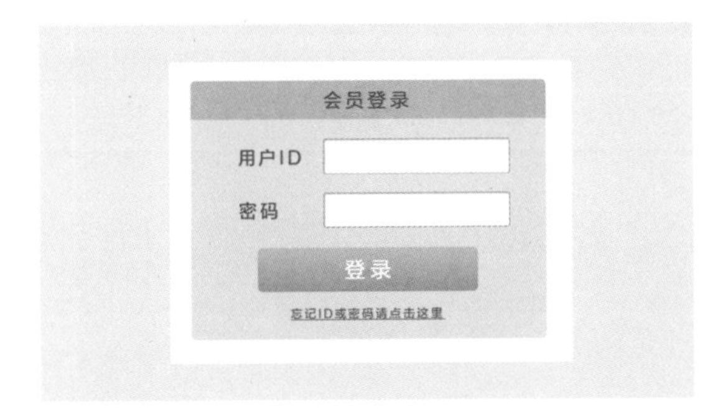

文本链接（text link）和表单（form）要素等已经具有功能可见性，并被用户所认识。从设计角度，也有不希望将链接设计成蓝色的情况，但保留下划线等不脱离用户认知的形式是非常重要的。

触屏设备上确立的功能可见性

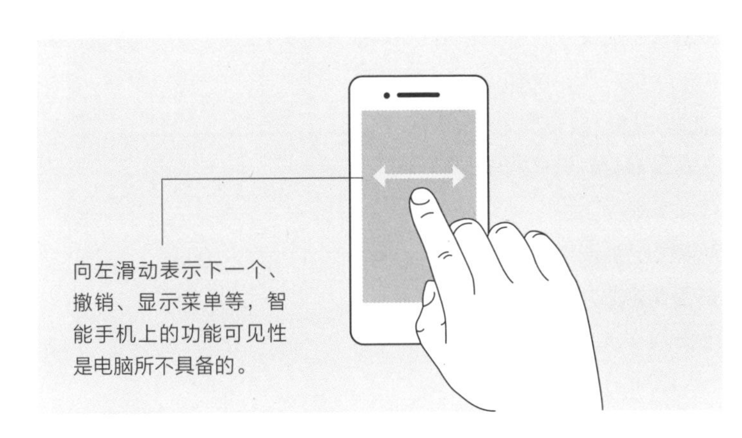

向左滑动表示下一个、撤销、显示菜单等，智能手机上的功能可见性是电脑所不具备的。

随着触屏设备的出现，在原有的鼠标和光标的移动、点击和键盘输入的网页浏览行为中增加了各种各样的动作。关于这些新动作所触发的操作效果，最好基于iOS和安卓系统终端自身的动作设置来设计。

打破功能可见性的好处

打破功能可见性所能获得的好处只有一个，就是打破用户期待所带来的惊讶和感动。魔术师从帽子里变出鸽子给人带来的惊讶，正是打破了功能可见性原则，人们知道帽子里不可能放几十只鸽子。如果是娱乐性极强的网站，“点击后会有不同的反应”“向与操作相反的方向滚动”等有损用户可用性的行为，也可能成为让用户开心的要素。

设计应用三原则

- >> **要重视大家的习惯，动作按钮不要追求个性化。**
- >> **要理解用户认知的使用方式，尽量不脱离。**
- >> **偶尔也可以考虑打破功能可见性，给人带来惊喜。**

04 短时记忆容量
人短时能记住的信息数是 4±1

关键词：短时记忆容量

美国心理学家乔治 · A. 米勒（George Armitage Miller）提出，人类短时记忆容量的极限为 7±2 个组块（chunk）。2001 年，纳尔逊 · 考恩（Nelson Cowan）提出短时记忆容量的极限为 4±1 个组块，结论更为精确。

通过短时记忆能够记住的信息只有 3 ~ 5 个

短时记忆是指人瞬间记住、只保持 15 ~ 30s 的记忆，能记住的数字和词语有 3 ~ 5 个。例如，如果说“今日的午餐可以在咖喱饭、拉面、意大利面、汉堡、盖浇饭中选择”，你大概都能记住，如果罗列 10 个菜式，很多人就记不住了。这就是短时记忆的极限，这一概念在信息整理中显得非常重要。

例如，如果网站的导航栏上列出了 10 ~ 20 个项目，用户很难把握网站的整体情况，这就有必要把项目整理归纳成 3 ~ 5 个。在这里，组块的概念显得很重要。组块是指人能感知到的信息的集合体，可以根据信息的颗粒度进行调整。

以手机号码为例，“06012349876”是一个组块，但它是由 11 个数字组成的，一下子记住比较困难。如果将它分成 3 个组块，即“060-1234-9876”，每个组块有 3 ~ 4 个数字，就变得容易记忆了。

“短时记忆容量是 7±2”是错误的?

过去普遍认为，人能够短时记忆的组块数是“7±2”。这是根据乔治 · 米勒发表的论文得出的结论。但实际上，论文中写道：“最后，短时记忆容量 7 怎么样？……现在就不作判断了！”其实作者并没有断言。

什么情况下不需要减少数量?

有些情况下，不靠短时记忆容量来整理项目数更好。在网站上，品牌列表和内容列表就属于这种情况。对于用户来说，重要的是能够找到所需的品牌和内容，所以将多个链接按首字母顺序或分类排列，让用户能够快速找到自己所需的内容是非常重要的。

+>> **人的短时记忆的信息数是 3 ~ 5 个，不能超越这个数字的人占大多数。**

+>> **制作提示信息时，按短时记忆容量原则有意识地缩小数量，就很容易让用户做出选择。**

+>> **通过制作组块，使信息容易记忆。**

网站应用

“全局导航”（global navigation）设计中不可或缺的“短时记忆容量”的灵活应用

案例 1

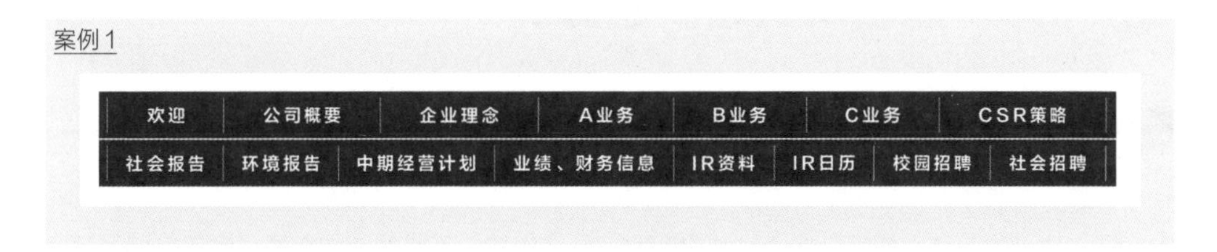

案例 2

案例 1 将所有内容都排列在导航上，用户会感觉混乱。案例 2 通过设置多个层级的信息块（分类），使用户接收在短时记忆容量范围内的信息量。

不考虑短时记忆容量也可行的内容列表

如右例所示，提供多条信息，在以用户能够按目的找到信息为重点的情况下，不必使用短时记忆容量进行整理。但是，需要考虑符合用户需求的索引。

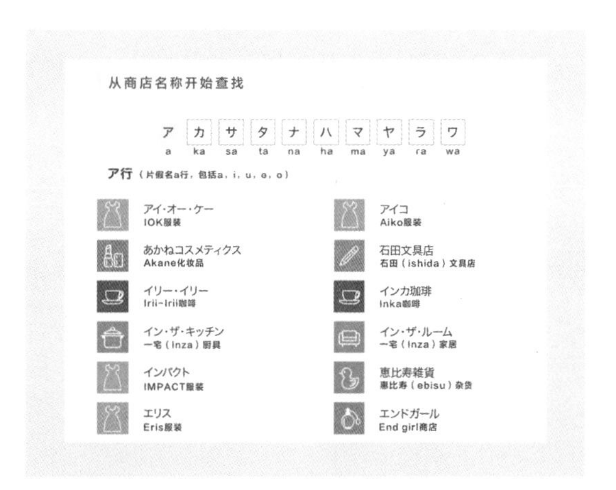

设计应用三原则

- >> **首先用短时记忆容量的原则收集整理信息。**
- >> **判断是否需要用短时记忆容量来处理信息也很重要。**
- >> **除导航以外，其他内容也可以有意识地设计信息的数量、汇总信息。**

05 激励设计 点击次数越少越好?

关键词:激励设计

这是美国教育工作者和学者约翰 · M. 凯勒(John M. Keller)提倡的“ARCS 动机模型”的一环。对于学习者,最好只提供当时需要的信息。例如,不要让对法律感兴趣的人马上开始读“六法全书”(译注:日本常用的法律工具书,包含常用的六类法律),最好是从身边的案例开始逐步指导。

点击次数少的时代已经终结?

从互联网开始普及时就经常有“从打开网站到目的达成为止的点击次数越少越好”的说法,真的是这样吗?

例如,要签订某项合约时,填满整张 A3 纸的项目申请书,以及按顺序提问、需要二选一的 50 个问题,哪个更好呢?虽然觉得后者很麻烦,但是选择后者的心理负担会比较少吧。这是因为,人一次能够处理的信息量是有限的,一次性进行大量的信息处理会造成心理压力。而且,考虑到实际的劳动量,用户并不会太在意单击的次数。

什么是 ARCS?

学习者的动机模型。激发学习者动机的四个要素分别是 Attention(注意力)、Relevance(关联性)、Confidence(自信心)、Satisfaction(满意度),取这四个英文单词的首字母来命名。

什么是 EFO?

EFO 是 Entry Form Optimization 的缩写,指输入表单优化。为了减缓用户输入时的紧张感,使用户以更短的时间正确输入,不会中途放弃,而对表单进行优化。EFO 工具是为了降低“流失率”,找出并改善表单“流失点”的工具。

时机和平衡很重要

阶段性显示的划分方法及提示的时机也很重要。例如,在购物网站上有如下操作流程:

“输入姓名”-“登录”→“输入住址”-“登录”→“选择支付方式”-“登录”→……

这样大概只有体力好的人才能受得了吧。在这种情况下,在提示输入“姓名”“住址”等个人信息之后,再进行“支付方式”“配送方式”等与购买相关的输入,划分为两个阶段比较合适。

另外,促使用户进行选择的时机也很重要。用户在购物车里放入商品时就被询问配送方式,会很难进行判断,而且如果用户不购买,这样的操作流程就是浪费的。在进行阶段性公开信息时,必须优化信息的分类、公开的顺序和让用户选择的时机。

+>> **从一开始就给予用户全部信息的话,信息数量过多会使用户产生紧张感。**

+>> **提供了明确判断的点击,即使点击次数增多,对用户来说压力也是很小的。**

+>> **如果按照信息阶段性公开来设计,点击次数增多也没有关系。**

网站应用

通过分割表单，将“应该做的工作”模块缩小，使目标更明确

尽管网络购物和会员登录等表单可以有各种各样的形式，但先试着把需要获取的信息分成组、划分阶段吧。例如左侧的示例，将信息输入分成三个步骤。要了解用户是否能够舒适地使用，可以导入 EFO 工具等进行验证。

站在使用者的立场划分入口

在拥有不同的相关用户的情况下，用户只要选择符合自己身份的选项就好了。在所有信息中，用户只寻找自己需要的东西，这样就不会感受到压力了。

设计应用三原则

- >> 项目多的表单，可以考虑分阶段进行分割。
- >> 比起点击次数，减少用户的心理压力更为重要。
- >> 重要的是要想办法在适当的时机向用户提供合适的信息。

06 格式塔分组法

越集中越搞不明白——认知的不可思议

关键词：格式塔分组法

心理学家通过实验发现的七个法则：接近性、相似性、连续性、封闭性、共同命运、主体与背景、对称性，总结了人在认识事物的时候，利用形状的排列方法和图形理解事物的规律，也可以称为“格式塔分组法则”或“格式塔组织原则”。

杯子？人的侧脸？最著名的障眼图形的秘密

下图看上去是什么？

鲁宾杯（Rubin's vase）

这是 1915 年丹麦心理学家埃德加·鲁宾（Edgar Rubin）设计的一种障眼图形。在鲁宾所著的《视觉图形》中，描述了如果一部分被感知为“图”，其余部分就只能作为“底”来识别的现象。

你应该能看到杯子或两个面对面的人脸吧？如果跟看到杯子的人说：“这是两个面对面的人脸”，他们也能看出来。当你看到人脸的时候，就渐渐看不见杯子了。这是因为人在看东西的时候不是先看局部，而是最先看到整体框架，想要把握整体的特性。

相反，将认识的同一个汉字写了好几遍后，会有“写得好像不对”的感觉，这种现象被称为“格式塔崩溃”，即过于在意局部而失去了对整体的把握。

格式塔心理学（Gestalt psychology）中有七大法则，对于做设计非常有帮助，下面会进行一一解说。

+>> **人有发现模式来认识事物的倾向。**

+>> **人对看不见的部分也要进行补充来识别形状。**

+>> **意识集中在局部而失去了对整体的把握的状态，称为“格式塔崩溃”。**

网站应用

法则 1：接近性

图 1　图 2

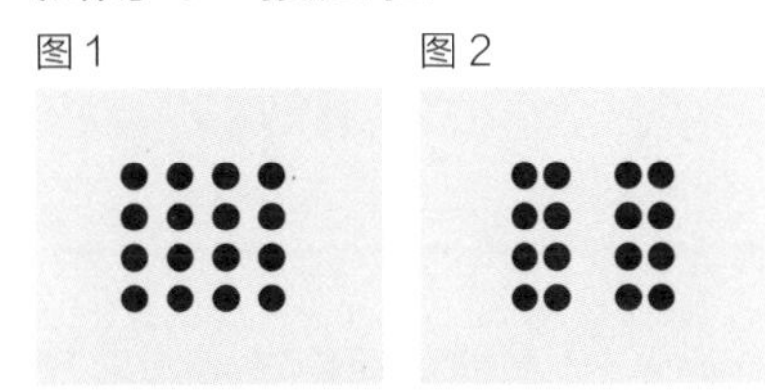

一般认为距离近的物体处在同一组中。图 1 是集合了 16 个●的小组，图 2 是 8 个● ×2 的小组。

案例 1

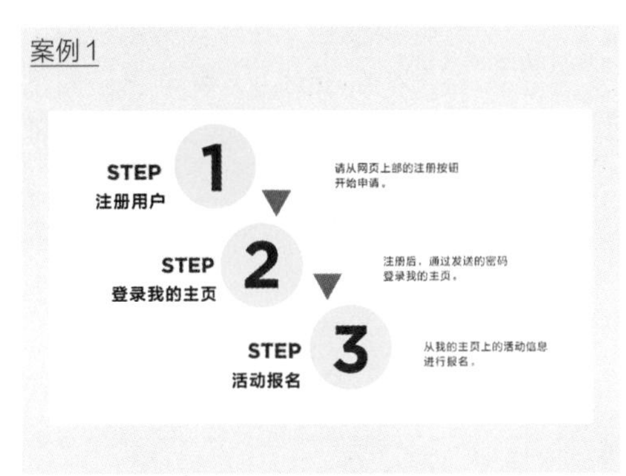

案例 2

以上是接近性法则的应用案例。案例 1 使人难以掌握信息的关联性，很难读取一整条信息。案例 2 将关联信息靠近归纳，即使不用分栏和区分颜色等多余的方法，归纳好的信息就足以使人一目了然。

法则 2：相似性

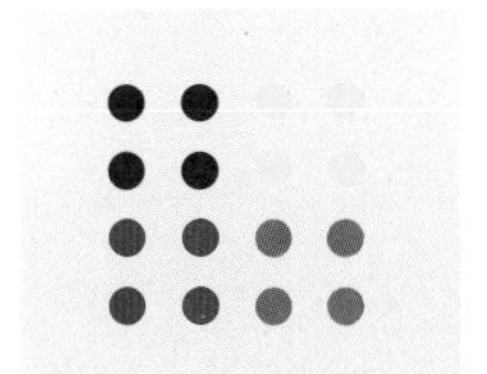

颜色、形状相同或构成相似的东西容易被视为同一组。左图中虽然圆点的大小相同，但颜色不同，很容易被人识别为四个组。

案例 1

案例 2

以上是相似性法则的应用案例。案例 1 散乱的图像和形状，使用户无法理解信息的层级；而案例 2 以统一的形式构成，用户一眼就能看出哪些是并列的信息。

法则 3：连续性

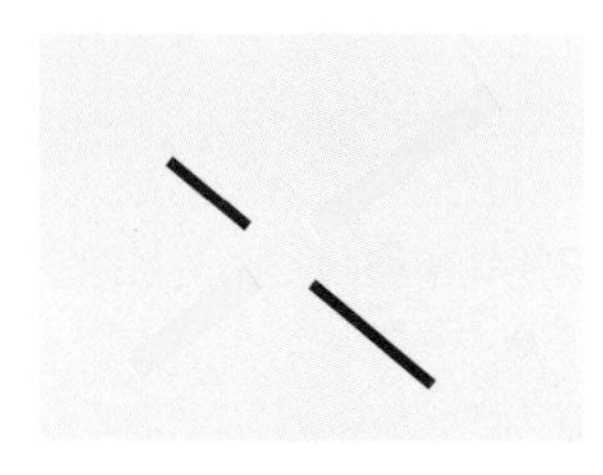

人看东西的时候有寻找连续性的倾向。如左图的图形，我们不会看作是四个长方形，而是交叉的双色线。

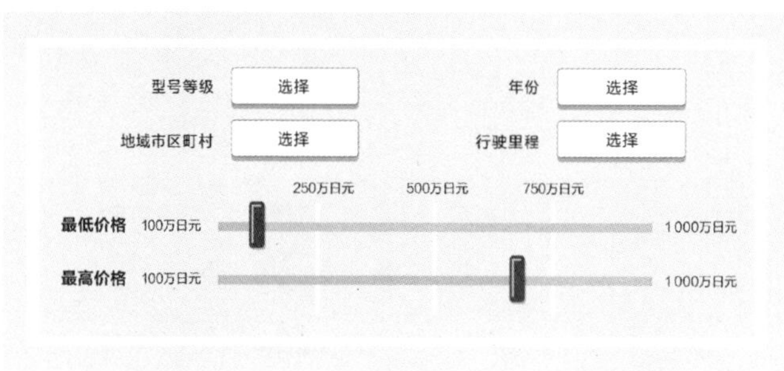

左图是连续性法则的应用案例，在滑块类用户界面（slider UI）中可见。如图所示，用户应该不会把这个界面识别成“直线—长方形（滑块按钮）—直线”这样的分割状态。另外，这样也能够增加功能可见性（参见第 22 页），使用户直观地认识到，使用时在直线上左右移动滑块即可。

法则 4：封闭性

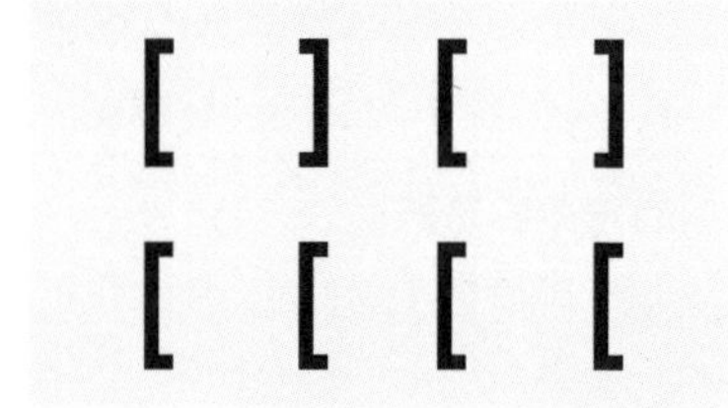

人有对图形的缺失部分进行补充、使其形成封闭形态的倾向。左图是均匀排列的括号，受封闭性法则的影响，上半部分会被人识别为两个长方形。

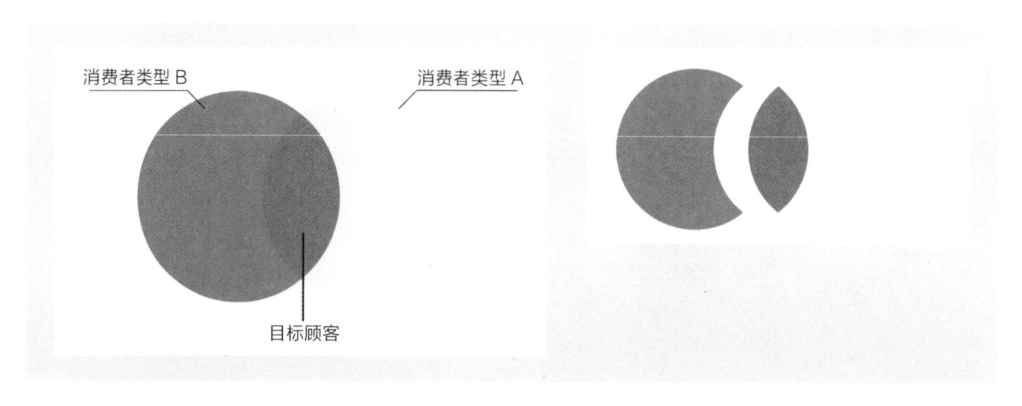

这个法则对重叠部分的表现是很有效果的。上左图可以识别为重叠的两个圆，用户不会将其视为如右图所示的三个图形。由于封闭性法则所起的作用，人可以识别出表面重叠、隐藏的缺失部分。

法则 5：共同命运

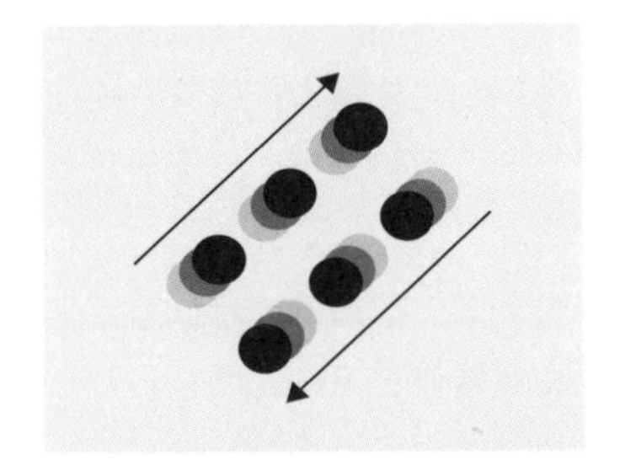

人有将同方向移动的东西和以相同周期闪烁的东西等视为同一组的倾向。

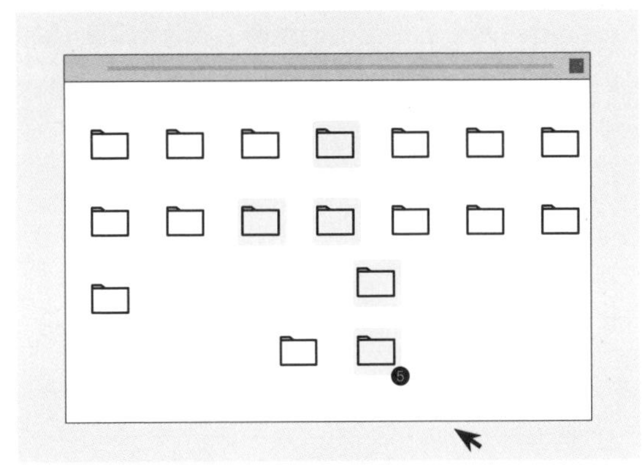

电脑的文件夹和文件夹操作的交互作用，很好地应用了共同命运法则，用户容易将被选择的文件夹识别为同一组。

法则 6：主体与背景

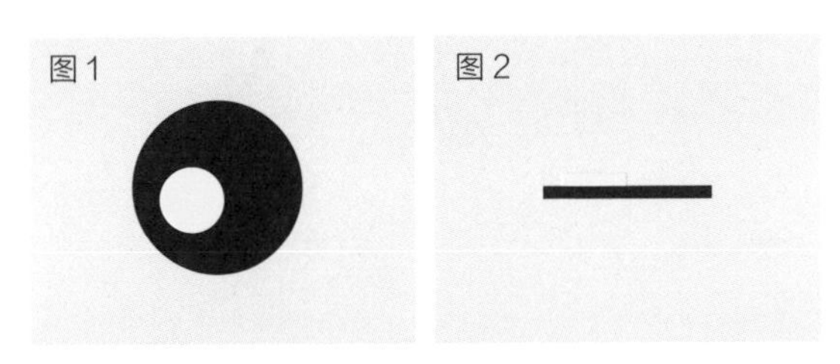

假设图 1 是平面，在黑色圆上方放着黄色的圆。但如果是立体的，就能想象出图 2 的立面状态。

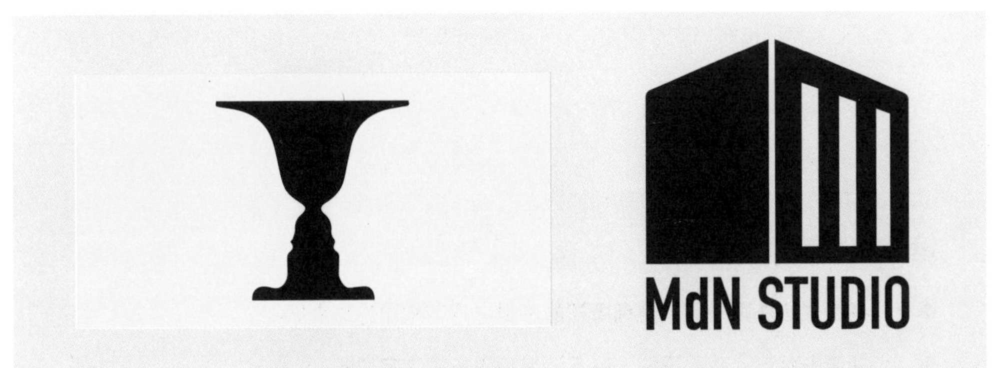

面积大的图形容易被视为背景。鲁宾杯（参见第 28 页）如果像上左图这样，根据主体与背景法则，将杯子作为图案的认识就得到了加强。另外，上右图 MdN STUDIO 的标志也是根据主体与背景法则进行设计的，不使用阴影，很好地表现出了富有立体感的大楼的形象。

法则 7：对称性

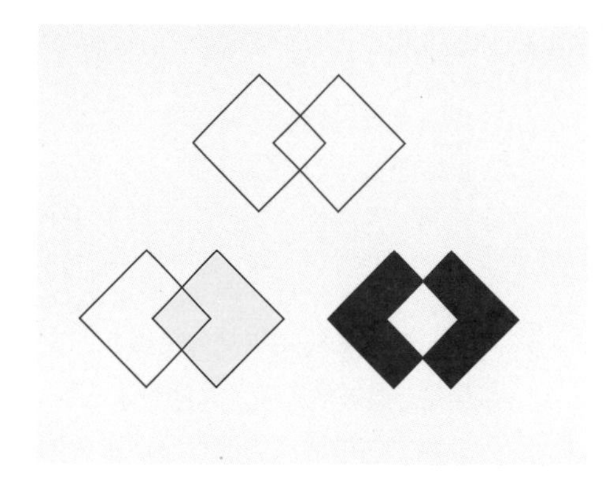

人有更容易识别对称图形的倾向。在一张图中，如果有多个对称图形，人很容易找到最简单的形状。

左图中，对于上面的图形，可以有若干种看法。可以将其看作左下方的两个正方形重叠并对称地排列，也可以将其看作右下方的由两个 L 形组成的图形。颜色和辅助线的使用会改变图案形状。

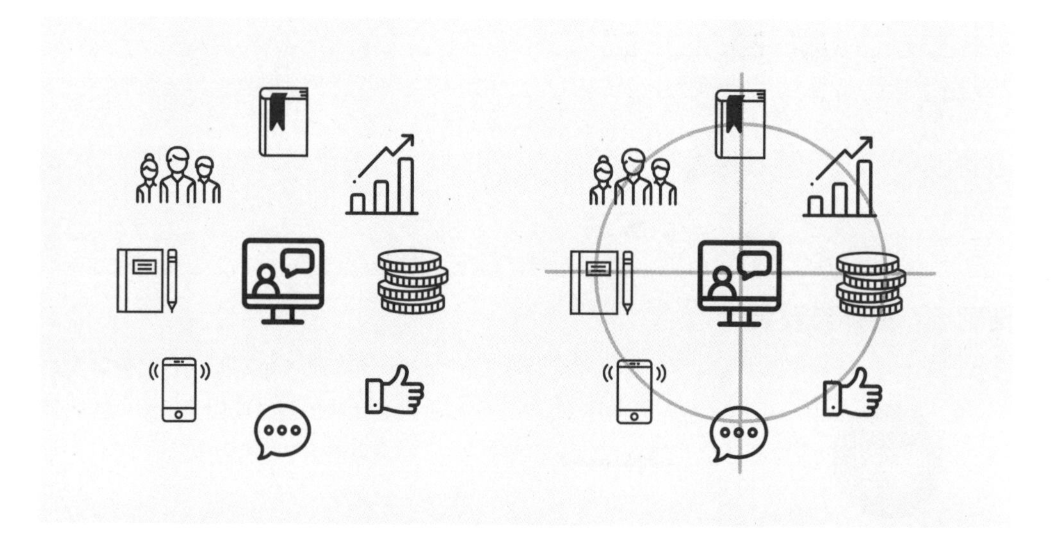

根据对称性法则，插图等要考虑图形和留白等因素，保持对称性是很重要的。在上图中，以中心对象为圆心保持图形布局的对称性，用户很容易识别出“与中心对象并列关联的八个对象”。

设计应用三原则

- >> **像格式塔法则一样，遵循既知的感觉进行结构设计是大原则。**
- >> **如果形状设计容易理解，就不要使用过多的文字说明。**
- >> **根据格式塔法则进行绘制，能够省去多余的表现形式。**

专栏
有意识制造利于色觉异常者使用的设计

色觉异常，过去被称为色盲、色弱等。色觉异常有先天性的，也有后天性的，是人对特定的颜色很难区分的症状，如红色弱、绿色弱、蓝色弱等。单色觉者不能辨别颜色，只能看见黑白的图像。色觉异常引起的问题有：

- **很难读取用颜色赋予意义的信息，如路线图等。**
- **很难读取由背景和文字颜色组合而成的信息。**
- **自己认为的颜色与实际的颜色不一样。**

只要是向大众提供信息的网站，对用户的关怀都是不可或缺的。在进行网页设计时，需要注意以下几点，让即使是色觉异常的用户，也能够毫无压力地浏览网站。

1. 减少只能用颜色判断的要素

例如，将带链接的文本设置为绿色文字可能无法被识别，因此可以给链接文本添加下划线。另外，图表等根据颜色的不同分别使用不同的图案，尽量避免依赖于颜色的表达。

2. 明度差、色相差

万维网联盟（W3C）的技术指导建议，页面不同内容的明度差在 125 以上、色差在 500 以上为最佳。另外，在绿色背景下避免使用红色文字之类特别难分辨的配色，提高文字的权重，加上白色边框等也有很好的效果。

在实际操作中可以尝试一下颜色模拟以便进行确认。可以用 Adobe Photoshop 的“颜色校正”功能，确认实际看到的效果。也有“色觉模拟器”这类智能手机应用程序。或者将整个页面转换为灰度图，如果有难以识别的部分，则可以判断为原设计的明度差、色差不足。这不仅利于色觉异常的用户使用，也有利于提高设计的可读性。

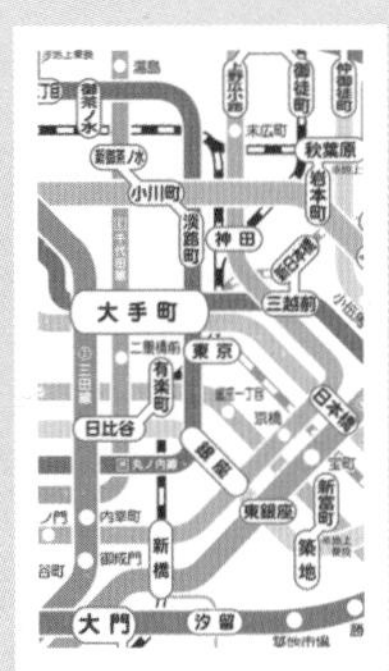

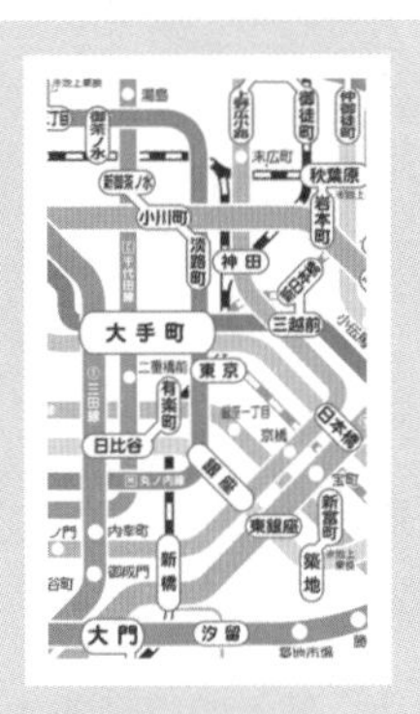

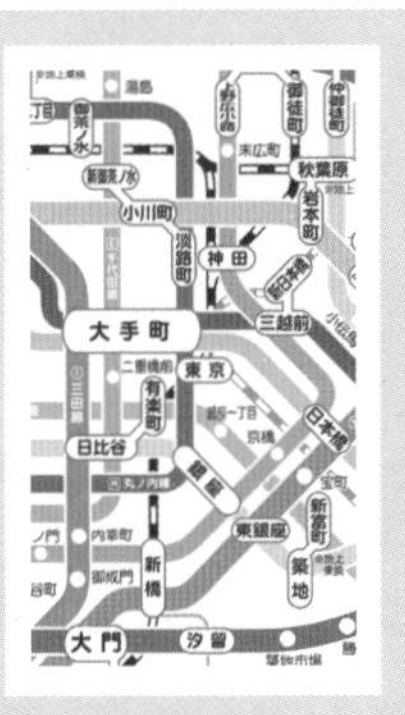

左图是使用手机应用程序“色觉模拟器”处理的日本东京交通局地铁线路图。从左边开始依次是正常色觉者、红色弱者、绿色弱者、蓝色弱者看到的效果。只要有足够的对比度，即使难以辨别颜色，也不会损害其可读性。

07 斯特鲁普效应
文字、图片、色彩的组合产生相乘效果

关键词：斯特鲁普效应

人同时看到的两种信息会相互干扰。例如，文字（如“红”“蓝”等）和颜色（如文字“红”用蓝色印刷）不同，颜色信息和文字信息在大脑内互相干扰，朗读文字就需要花费时间。这是由美国心理学家约翰·雷德利·斯特鲁普（John Ridley Stroop）提出的，故以其名字命名。

百闻不如一见——意外的失调感

斯特鲁普效应是指两个以上的信息相互干扰的状态。请看图1并试着读出文字。

蓝色　黄色　绿色

图 1

读者看了之后是不是有犹豫和不舒服的感觉呢？明明只要单纯地读出文字就好了，而背景的颜色却作为另一种信息产生了干扰。这不仅发生在文字和颜色上，也发生在照片、字体、表情符号等通过视觉传递的信息中。

同样，读者从图 2 中也会感到失调。当然，这些是斯特鲁普效应的负面例子，不过，可以思考用斯特鲁普效应进行正面设计，使之更容易传递信息。

强烈的印象

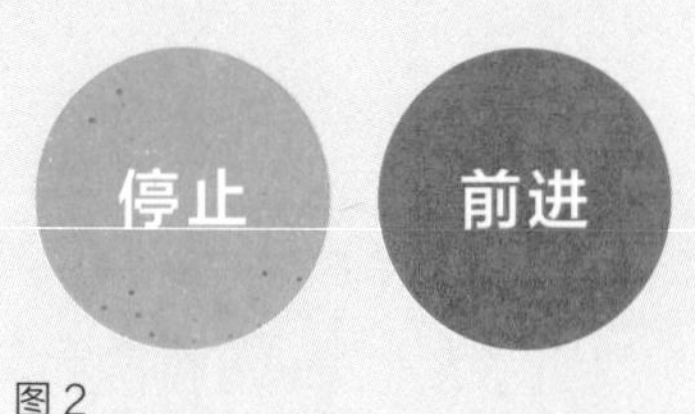

图 2

字体

用特定的风格制作的文字集合。设计感较强的字体，不仅是为了文字阅读，对设计基调的确定也会产生影响。

表情符号

也称为绘文字（emoji）、绘单词。将想表达的事物用简单的图形来表现。表情符号不受语言限制，可以直观地传达。具有代表性的表情符号已经被国际标准化组织（ISO）标准化了。

+>> **将与文字含义不同的颜色、图片组合展示，容易使人混乱。**

+>> **使人混乱的原因在于文字、颜色和图片的信息相互干扰。**

+>> **在提示视觉信息时，与图像一致的文字、图片、颜色的组合非常重要。**

网站应用

选择合适的字体进行设计，更具体地传递形象

左图是向顾客传递价格便宜和商品丰富的信息的案例。如果把这个设计用花哨的字体来表现，并不能传递实惠的感觉。

使用恰当的图标，使信息更易懂

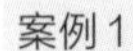

案例 2

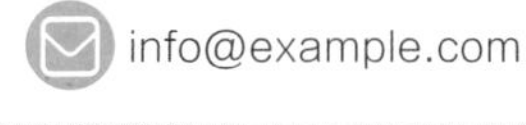

案例 1 是电话图标，却写着邮件地址，令人费解。案例 2 的信封图标更恰当。

灵活运用即使没有语言也能传递信息的“表情符号”

表情符号是用简单的图形引起人们注意的符号。例如，在全世界广泛使用的厕所图形符号只有人型和颜色，比用文字“男”“女”更能直观地传递信息。

设计应用三原则

- >> 根据想要传递的信息、形象选择背景和字体。
- >> 灵活运用图标和表情符号，使信息更易懂。
- >> 不依赖语言，借助形状和颜色的力量进行设计。

08 色彩心理
色彩对心理产生的影响

关键词：色彩心理

颜色会对人的身心产生影响，如“红色是血的颜色，让人感到危险和紧迫”这样根深蒂固的想法。还有很多没有被证实的部分，是正在探究中的学问。

冷色系的墙壁使人感觉凉爽吗？

颜色各有特点，即使是不经意的接触，也会对人们的身体、心理和行动产生很大影响。例如，已经证实蓝色的文字更容易记忆，以及同样的温度条件下，因房间颜色冷暖的不同，人们的体感温度也会不同。

理解各种颜色所具有的特点，并将其运用到设计中，可以提高设计的诉求力和效果。

下一页列举了一些基本颜色所具有的特征，以及令人联想到的积极和消极的印象。在进行网站设计时，也要根据颜色的特征，选择底色和重点色。

文化差异对颜色的印象

由各种颜色联想到的特征和形象，因国家和文化的不同而不同。例如，日本联想到死亡的颜色是黑色，而中国是白色，埃及是黄色。

这种差异的形成来自各种影响，其中文化和历史的影响比较大。例如，日本飞鸟时代的圣德太子颁布的“冠位十二阶”中，最高阶的颜色是紫色，因此紫色给人一种高贵的印象。

虽然在日本不会用红白色制作殡仪馆网站，但如果在不同的文化圈浏览网站，不了解文化差异，很可能会犯错误，所以需要注意。

+>> **颜色拥有影响人的身体、心理和行动的力量。**

+>> **适当使用颜色可以提高网站传递形象的能力。**

+>> **由颜色联想到的印象会因文化不同而不同，需要注意。**

网站应用

各种颜色的特征和形象

内是颜色的印象关键词（“+”表示正面，“-”表示负面）。

红色： 给人有活力和可增进食欲等积极印象的颜色。在提醒注意时，用红灯代表危险性。

+: 活力、热情、火焰 / - : 危险、愤怒、负债

绿色： 让人联想到安心、安定和协调等的颜色。以和善的印象促进专注力的持续和心情的放松。

+: 自然、治愈、安全、新鲜 / -: 不成熟、被动的

蓝色： 让人联想到天空、水等生存要素。蓝色是世界上最受欢迎的颜色，也经常被选为企业商标（logo）的颜色。

+: 诚实、信赖、清爽、智慧 / -: 冷淡、悲伤

黄色： 彩色中最明亮的颜色，让人联想到光和太阳。黄色除能促进积极的心情以外，还容易辨识，所以经常作为提醒注意的颜色。

+: 能量、明朗、幸福 / -: 危险、不安、轻率

紫色： 蓝色和红色混合而成的颜色，色域很广。高雅或低俗，神秘或不安，在不同的场景中，会产生截然不同的印象。

+: 高级、高雅、神秘 / -: 不稳定、低俗

粉色： 柔和的、女性印象强烈的颜色，可以缓解不安，使内心变得温柔。

+: 幸福、爱情、美丽 / -: 欲望、不安定、幼稚

茶色： 让人联想到树木和泥土等自然物，感觉温暖和舒适的颜色。不主张过多使用，可以调和任何空间。

+: 大地、坚实、传统 / -: 顽固、朴素、无聊

橙色： 由红色、黄色这两种给人阳光、活力印象的颜色混合而成，是很少给人消极印象的颜色。

+: 阳光、活力、温暖、欢喜、自由 / -: 任性

白色： 反光最强的颜色。既有清洁、洁白这样干净的印象，又不干扰其他颜色，所以很容易成为底色。

+: 纯粹、威严、清洁、神圣 / -: 无、空虚

灰色： 不主张强烈的印象，能衬托周围的颜色。作为背景时不像白色那样反光，有时文字更易读。

+: 高雅、沉稳、谦虚、协调 / -: 无机物、暧昧

黑色： 既能让人感受到强度和高级感，也能给人负面印象的颜色。既能衬托彩色，又能增加高级感和现代感。

+: 强大、威严、高级 / -: 威胁、不幸、黑暗

设计应用三原则

- >> **为了收获目标用户的喜爱，请选择与想给对方留下的印象相符的颜色。**
- >> **在网站主题上灵活运用积极颜色的形象，例如使人食欲大增的颜色、使人产生信赖感的颜色。**
- >> **文化不同，颜色的形象和意义也不同，要注意网站的客群是面向国内，还是面向全球。**

09 配色的规则
不同设计的颜色选择要点

关键词：色彩

人将光的特定波长看作颜色，可见光的波长长度决定了颜色。从感觉心理学上来说，颜色是人对物体反射光的波长的感觉，产生了精神上的作用。通过 RGB（红、绿、蓝）三种颜色的组合，可以得到人眼可见的大部分颜色。

前面叙述了颜色给人们心理带来的影响，不过，如果使人兴奋的红色和使人平静的绿色混在一起，会变成什么样呢？在使用颜色时，需要预先了解重要的配色。

色彩三属性

色彩有色相(hue)、明度(value)、纯度(chroma)三属性，即颜色的成分配比、明暗和鲜艳程度，如图 1 所示。

配色的要点

配色可以使设计的统一感和资料的易读性等产生很大差异。不习惯配色的人大多会随心所欲地选择颜色，不问意义和精细度地使用各种各样的颜色。这样一来，各种颜色的心理效果也就毫无意义了。应该怎么选择颜色呢？下面来说明选择颜色的要点。

（1）选择主色、底色、强调色作用不同的三种颜色。

（2）主色尽量使用明度较低的颜色，底色使用的面积较大，建议使用明度较高的颜色或灰色。

（3）强调色可以比较自由地选择，但如果和主色太接近就不是强调色了，最好从色相环（图 2）中与底色相对的位置进行选择。

将这三种颜色按底色为 70%、主色为 25%、强调色为 5%左右的比例使用，就能很好地平衡。顺便说一下，即使不是设计师，只要制作材料时有意识地应用上述色彩选择的方法，就会使材料变得特别容易看懂，希望大家尝试一下。

图 1

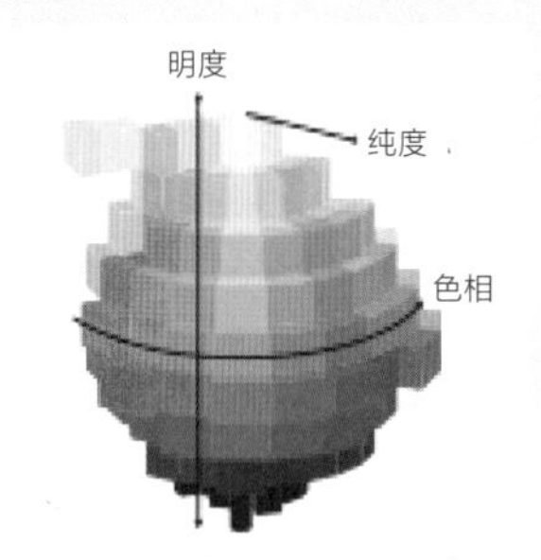

用孟塞尔（Munsell）色系制成的“孟塞尔颜色立体”（munsell color solid）。

图 2

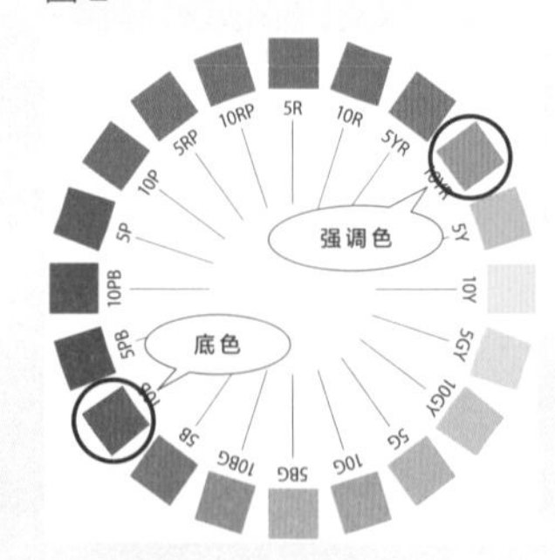

从色相环中选择配色

引入心理上的效果

只有在掌握了基本配色的基础上，才能更好地发挥颜色所具有的效果。例如，与购买相关联的“放入购物车”按钮，使用能激活心情的红色；想构建给人以信赖感的公司网站，可以考虑把蓝色作为主色。此时，明度调到什么程度？使用面积是多少？在确定了主色的情况下，周边的颜色采用什么配色？是不是从相反颜色中选择？可以像这样更有逻辑地讨论配色。

+>> **决定色彩的要素有色相、明度、纯度三属性。**

+>> **明确颜色的作用，使设计产生统一性。**

+>> **只有在配色平衡的基础上，才能有效发挥色彩给予人的心理效果。**

网站应用

各种颜色的特征和形象

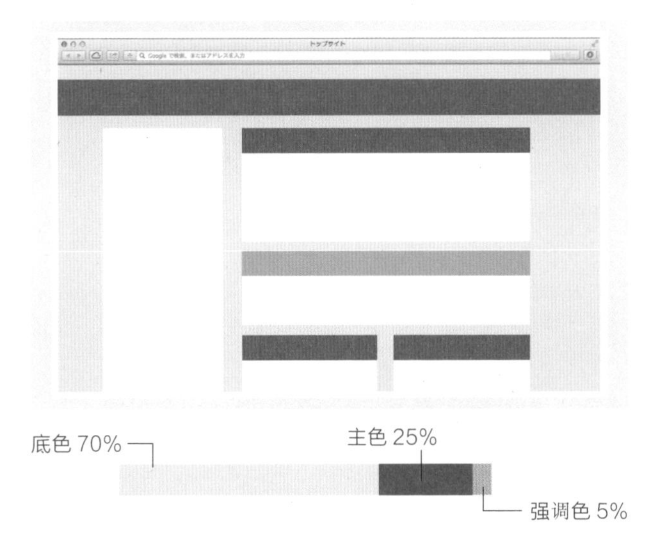

左图是主色、底色、强调色的配色面积实例。在网站上经常会使用品牌或公司的 logo，或者使用产品的形象色。考虑到与 logo 和形象相匹配，应首先决定主色，然后再决定底色和强调色。

另外，如第 33 页所述，在对比度不足的配色中，文字和信息是难以读取的，无法保证页面的易读性。因此在决定配色的规则之前，要先做色彩模拟，确认一下配色是否容易阅读。

设计应用三原则

- >> **没有目的性地使用多种颜色会让你的设计看起来很外行。**
- >> **根据各种颜色作用的不同来选择配色。**
- >> **要考虑配色使用面积，不要使色彩失去作用。**

10 原型说
从典型案例考虑分类

关键词：原型说

原型说是20世纪70年代由埃莉诺·罗施（Eleanor Rosch）等人提倡的语言学、认知心理学理论。人实际拥有的范畴被称为原型（代表性事例）的范畴，它不是根据明确的定义规定的，而是根据典型事例及其相似性来赋予特征的。

“水果”与“蔬菜”的定义是什么？

“水果”和“蔬菜”的定义是什么呢？烹饪中使用的是蔬菜，作为甜点和零食来吃的是水果吗？从词源上来说，“水果”是“树生植物”，那么西瓜和草莓就不是水果了。日本农林水产省网站上关于蔬菜和水果的分类，没有明确的定义；在日本的生产、流通、消费等领域也有分类上的变化。在不同国家，蔬菜和水果的分类有所不同。

分类设计的要点

在网站的制作中，制作网站地图时要整理内容，必须进行分类。对于企业网站的分类，以下哪个比较合适呢？

（A）常见问题 - 关于商品 - 关于公司	（B）商品信息 - 商品的使用方法 - 常见问题

实际上只能视情况而定。在讨论哪个更合适时，参考过去的典型案例是比较好的方法。根据学术性的定义，（B）是正确答案，但是大部分网站是按照（A）来划分的，选择（A）可能比较恰当。典型案例不一定总是相同的，如果是电商网站，（B）显得更自然；但对企业网站等而言，（A）也许更自然。应该根据网站的目的和用户的需求来进行设计。

+>> **为了将事物和现象简单易懂地进行分类，要定义范畴。**

+>> **在语言的定义中，令人意外的是，分类不清的情况非常多。**

+>> **与其拘泥于语言的定义，不如使用用户易懂的标签进行分类。**

网站应用

在考察需求的基础上提出分类检索方案

把化妆品按肌肤问题分类，例如油性肌肤的产生原因是干燥，与“问题”→“肌肤干燥”相比，“问题”→“油性肌肤”更能直观地联系到用户的需求。像这样，比起正确的标签，使用符合用户目的和需求的语言进行分类更加有效。

使用分面分类法的信息整理方法来导航

海洋生物	陆地生物	飞行生物	
鲸	猴子 象	蝙蝠	哺乳类
海龟	蛇		爬行类
金枪鱼			鱼类
	鸵鸟	海鸥	鸟类

用一个类别无法整理信息时，可以用分面分类法进行整理。分类时能够分为两类以上的情况下，不是与特定类别相关联，而是分类到相应的全部类别中。如左图所示，能够从各种切入点进行检索，称为分面导航。

设计应用三原则

- >> 对于分类，定义固然很重要，但已经习惯的分类法使人更容易看懂。
- >> 需要注意的是，根据分类的目的和使用者的不同，典型案例也会发生变化。
- >> 在不属于专属范畴时，也可以灵活运用分面分类法等。

11 费茨定律
易用性能计算

关键词：费茨定律

费茨定律是1954年由保罗·费茨（Paul M. Fitts）提出的一个人类工程学术语，是一种人机界面中人体的动作模型化法则。费茨定律作为用户界面设计的普遍规律而广为人知，应用于使用鼠标提高可用性的按钮设计和单击区域的设计等。

“操作简单”是由什么决定的?

费茨定律，特别在设计使用鼠标操作画面上的对象时，被广泛应用。

费茨定律的公式如下：

$$T=a+b\cdot\log_2(1+D/W)$$

式中：T——到达目标的时间；
D——起点与目标中心的距离；
W——目标的大小；
a——光标移动的开始或停止时间；
b——光标的速度。

因为 T 是光标的移动时间，所以值最好小一点。那么关于 D/W，D 越小，W 越大，T 就越少。

简而言之，用户希望用光标对准的目标，离现在的光标位置越近且越大越好。

虽然光标的开始位置取决于用户，但浏览器的操作按钮和检索框在上部，所以就不难理解大多数网站的主要导航在页眉位置了。

因为不能将所有的要素放大并放置在附近，所以根据设想中的用户行为和信息优先级等决定距离、大小，来确保可用性。

在触屏设备上也是一样

费茨定律是以鼠标移动为对象的内容，但即使在没有鼠标操作的智能手机、平板电脑等触屏设备上，也能应用这个法则。

三维（3D）触控

使用液晶显示器的触屏界面时，施加压力（强力长按）可以进行子菜单等的可选操作。

滑动（flick）

用于智能终端、平板终端的用户界面。在液晶显示器上，手指可向左右任意一个方向滑动。因为手指滑动的距离比横扫（swipe）短，可以进行“移动一下”“滚动”等快速动作。

+>> **费茨定律是将用户界面中人的动作模型化的法则。**

+>> **同样的距离，目标越大，到达目标的时间就越少。**

+>> **要考虑使用频率和优先度，以最佳的距离、大小来进行配置。**

网站应用

即使距离远也把目标做到最大，更容易使用

Mac OS 中熟悉的程序坞（Dock）可以自由选择屏幕的下、左、右进行任意配置，但是光标的移动距离较长。不过，由于光标停留在画面边缘，能够以显示器边缘为参照，所以方便用户迅速进行操作。同时，程序坞上光标接近的图标会最大化，更容易点击。

灵活运用固定配置，使之容易使用

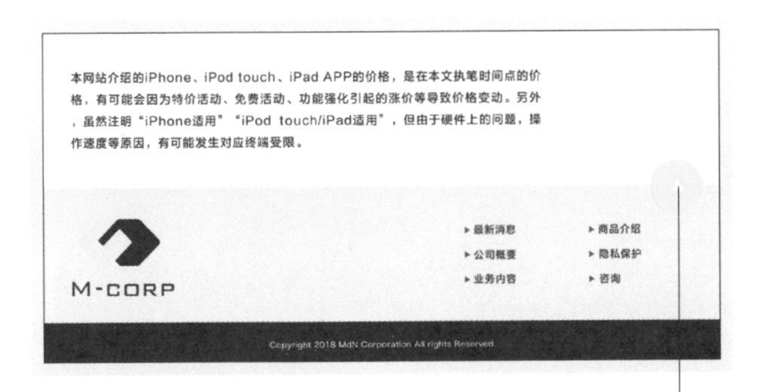

在网页的下部经常设置“返回顶部”按钮，由于右下等位置的固定配置，往往能与页面底部保持一定的距离，使用户能够即时使用。同时，因为放置在不妨碍阅览的位置，目标大一些较好。

较大的目标是方便用户即时使用的尺寸设计。

无法计算移动距离的“最短操作”

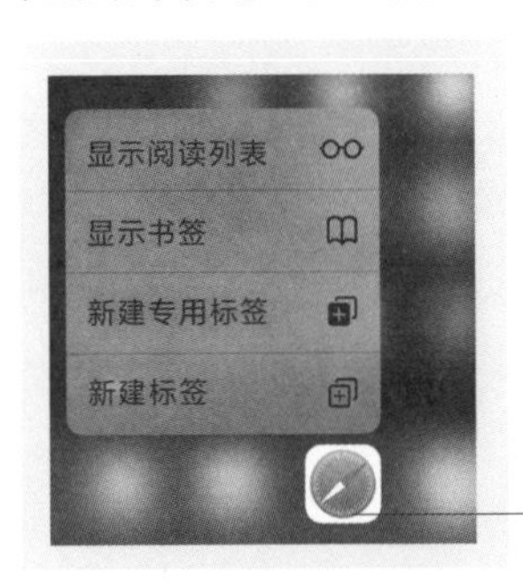

iOS 中的滑动（flick）、横扫（swipe）等动作，不仅仅是移动距离的不同，还考虑到触屏的时间和点压的强度等。而 3D 触控在某种意义上是不移动、只点压的接近“0 距离”的操作，不过，频繁使用新的手势对用户来说不一定是容易的。对这种触屏设备，因为包含光标距离和图标大小以外的要素，在设备上的验证就变得更为重要。

按下按钮就会显示菜单的 3D 触控操作，虽然光标移动距离为 0，但如果没法告知用户这种操作方法，用户还是无法使用。

设计应用三原则

- >> **光标的操作感取决于到达目标的距离和目标的大小。**
- >> **想象一下用户的行动，再讨论光标最合适的位置和大小。**
- >> **请注意，没有光标移动距离概念的设备已经愈加频繁地出现在生活中了。**

12 心智模式 来预测用户吧

关键词：心智模式

人对初次接触的事物会做出“这是什么样的东西”的解释，然后在头脑中形成判断、行动的模式。这是人基于文化和生活环境，迄今为止的经验而形成的。虽然会因人而异，但在同样的文化、社会环境中生活的人，很容易形成类似的心智模式。

用户根据过去的经验和知识进行操作

如果有人递给你一部智能手机，说“用这个应用程序能唱卡拉 OK 哟”，你会怎样做呢?

唱卡拉 OK 首先要选曲子，歌曲开始后配合歌词来唱，大概大部分人都有过这样的经历吧。从这样的经验以及智能手机有麦克风和扬声器的认知出发，人会对那个应用程序做出唱卡拉 OK 应该怎样操作的心智模式。也就是说，在设计 UI 和功能时考虑到心智模式，能够实现用户的直观操作。

另外，明确目标用户也是重点。比如，就业后接触电脑的一代和从小接触智能手机长大的一代，心智模式很可能有很大差异。

心智模式和功能可见性

在从过去的经验来探索操作方法等方面，心智模式与功能可见性（第 22 页）相似，但心智模式是在功能可见性之前形成的。比如，想从封闭的房间出来时，应该没有人会立即破坏墙壁吧。这时，会形成“有像门一样的东西，从那里应该能出去”的心智模式，看到附在门上像把手一样的物体会形成“打算握住这个转动并打开”的心智模式，这就形成了功能可见性行为。

在 UI 和服务设计（service design）中的“心智模式”

心智模式不仅仅是现实中能触摸到的工具和物品，也在 UI、网络、应用程序等虚拟空间上的服务设计中形成。人机界面的专家唐纳德·诺曼（Donald Arthur Norman）在《为谁设计？》（『誰のためのデザイン？』，1990，新曜社）一书中就服务和软件中形成心智模式的重要性进行了阐述。

+>> **在人接触事物之前，预先推测出的模型叫作心智模式。**

+>> **心智模式是根据过去的经验和记忆形成的。**

+>> **新制作的 UI 等，如果考虑到心智模式，可以便于用户直接使用。**

网站应用

参考知名网站已经形成的“心智模式”

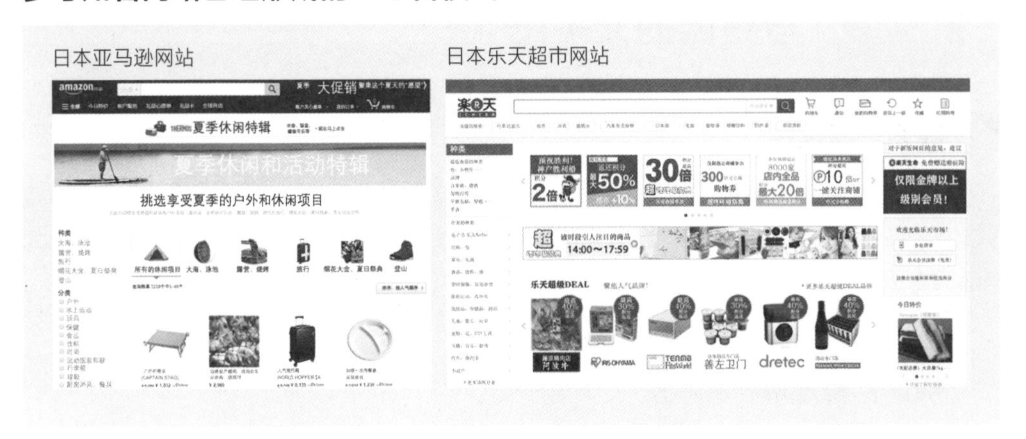

在设计 UI 和功能时，因为目标用户很可能经常使用类似服务，模仿市场占有率高的网站能够减少心智模式的差异。在此基础上，再通过独特的服务内容来谋求差异化。

真实的体验也能帮助理解“心智模式”

如果要实现迄今为止在网络服务和应用程序中还没有的事物，可以参考店铺等的服务流程，再加上只有网络才具有的优势来设计。

设计应用三原则

- >> 考虑用户形成的心智模式来设计 UI 和功能。
- >> 因为人们受年代等影响的心智模式不同，设计时注意不要完全依赖自己的感觉。
- >> 考虑心智模式之后再考虑自己的优势。

13 易读性
写易读的文本吧

关键词：易读性

易读性是根据语法难度、意义难度、语言结构等多个要素来进行判断的。易读性测量就是将文本的易读性数值化。对于英文，有弗莱士 - 金凯德（Flesch-Kincaid）公式、弗莱士公式等计算方法，根据分值可以测量文本的易读性。

能读 = 能理解？并不是

请阅读以下文字：

使用减弱了毒性的微生物和病毒。因为不仅能获得体液免疫，还能获得细胞免疫，所以与非活化疫苗相比，免疫力更强，免疫持续时间也更长。

读是读出来了，但读者不知道在说什么，对吗？顺便一提，这是维基百科（Wikipedia）的“疫苗”词条中的部分说明。如果不了解这个领域，有很多不知道的词语，会很难理解所描述的内容。能读不等于能理解，这是处理文本的基本要点，请务必注意。

将易读性数值化的易读性测试

易读性测试的方法之一是在弗莱士 - 金凯德公式中，从单词数、字符数、一个句子中包含的单词数等来测评文本的难易度。虽然它只适用于英文，但也能带来一些启示。

在此公式中，每个句子的平均单词数与每个单词的平均音节数成比例地增加，会提高文本的难度。因为音节多的单词会被看作“难”的表达方式和专业用语，简单来说，文本平均每个句子的单词数与使用的单词量少，就是通俗易懂的文本。

例如，请看下面的文本。

（1）请把本月的销售额用 Excel 进行统计。

（2）请使用电脑里可以计算出本月销售额的软件进行统计。

大多数人认为（1）简明易懂，而如果不明白“Excel”的意思，就成了让人看不懂的文字。对于这样的人来说，（2）更容易理解。也就是说，使用符合读者理解水平的词语，尽量用少的词汇数来说明，就可以说是易读文本。

+>> “文本能够被理解的难易程度”叫作易读性。

+>> 易读性可以根据文本使用的词语和文字数等来计算。

+>> 在网站上，通过适当的版面和文本结构设计来考虑易读性。

网站应用

要注意易读的文字数

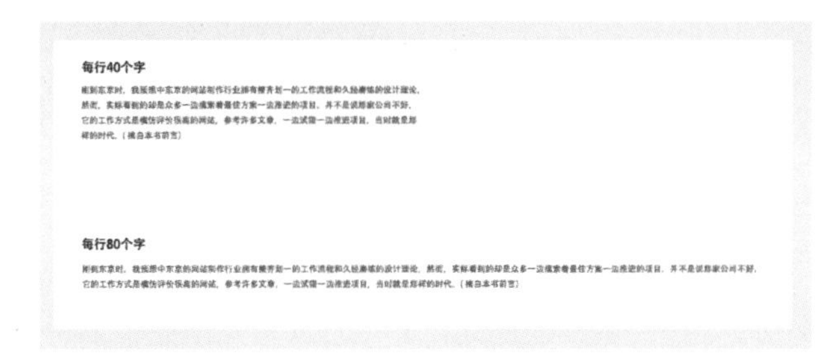

文章内容相同的情况下，用户阅读的方式不同，也会造成在心理上文章易读性的改变。每行的字数多，会让人觉得很难读，据说一行的文字数在 40~50 字最合适。实际上，有研究表明，一行的文字越长，读起来越难，但阅读的速度越快。不过在这种情况下，还是优先考虑给用户带来的印象比较好。

写完文章后测验一下易读性吧

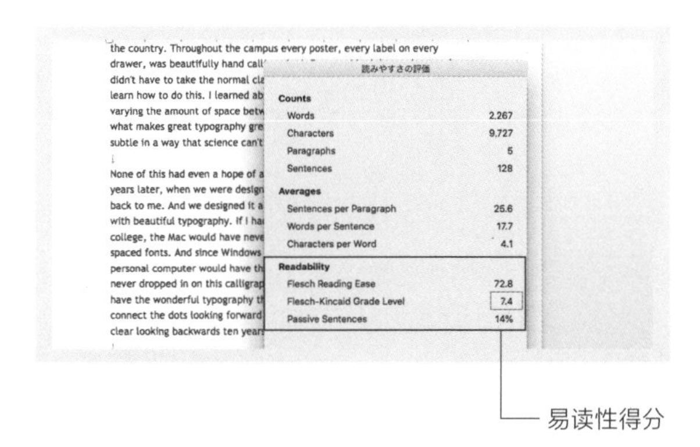

易读性得分

在 Microsoft Word 的文章校正选项菜单中，勾选“Readability”(“显示可读性统计信息”)，再进行“拼写检查”就能得出弗莱士 - 金凯德公式的得分（仅限英文）。此处的案例是史蒂夫 · 乔布斯（Steve Jobs）的演讲稿。这是一份面向大学生的演讲稿，得分为 7.4（相当于英语母语国家初中二年级的英文水平），讲得比较通俗易懂。

设计应用三原则

● >> 考虑文本的易读程度，难懂的词越少越好。

● >> 词语数少的文本容易读，但注意不要过度省略。

● >> 内容固然重要，但排版也会让人觉得易读或难读。

14 果酱实验
何为用户容易选择的选项数量？

关键词：果酱实验

“果酱实验”是心理学家希娜·艾扬格（Sheena Iyengar）主持设计的一项实验，通过改变试吃的果酱数量，计算之后的购买率，得出最适合消费者做决定的选项个数。6 种试吃果酱的购买率是 13%，24 种试吃果酱的购买率是 3%，证明了选项越多，购买率越低。

是选项越多越好吗？

虽然感觉上选项越多越好，但是根据果酱实验的结论，选项越多，购买率越低。这到底是怎么回事呢？

例如，顾客想买香水，有 100 种香水可选比起有 10 种香水可选，100 种里有喜好的香水的可能性更高吧。但是，在现实中，顾客很难尝试所有的 100 种香水。所以，随机尝试 100 种中的 10 种香水，如果有喜欢的，“好，就买这个了！”能够作出如此决定的人，出乎意外地非常少。

因为人有避开吃亏选择的倾向，如果在没尝试的 90 种香水中有更喜欢的味道该怎么办？一想到说不定买了会后悔，顾客的购买决心就变迟钝了。那么反过来，只有 3 个选项会怎么样呢？在这种情况下，顾客会想，也许还会有其他更好的香水，所以也会很难下决心。

苹果公司的精选产品

苹果公司的产品数量很少，iMac、Macbook、iPad、iPhone 等基本上款式、颜色都较少。与其企业规模相反，产品的选择范围极小。产品种类少可以压缩生产成本，但更重要的是避免了用户陷入不知道买什么好、无法判断而推迟购买的困境，这样做也是一种营销策略。

最佳的选项数是多少？

首先，最佳的选项数会因商品的不同而不同。如果是前述的香水，有数十种尚可，但如果是手机的颜色，3 ~ 5 种就算是很充分了。选项的数量必须结合商品的特性和用户的需求来进行讨论。

如果选项太多的话，选择方法就变得很重要。这与短时记忆容量（参见第 24 页）有关，为了使用户能够把握、理解，将信息整合为组块（chunk）是关键。如果将果酱实验中的 24 种果酱，按橙子系列、浆果系列等分组的话，或许结果会不一样。

100 种香水，如果分为清爽系列、放松系列等，即使不全部尝试，也可以跳过自己不喜欢的系列，能够做出可靠的选择。而且，通过价格区间、场景、人气排行榜等多个切入点交互作用，即使是超过 100 种的选项，顾客也可以轻松进行选择。几乎无限制的内容组织是网络媒体的优点之一，应该要重视。

什么是组块？

美国心理学家乔治·米勒（George Armitage Miller）提出人类感知信息时的“组块”概念，即信息的单位。米勒认为，在短时记忆中，即使人接受不同信息量的组块，也只能记住 7 ± 2 个。

+>> **果酱实验证明，如果选项太多的话，购买率会下降。**

+>> **在果酱实验中，试吃 6 种果酱时的购买率是 13%，24 种试吃果酱的购买率减少到 3%。**

+>> **在商品数量众多的购物网站上，必须根据果酱实验的原理来认真设计 UI。**

网站应用

“让用户决定”适当的选项数量的界面

通过显示选项菜单，用户可以自己决定选项的个数。在功能上利用各种切入点缩小选项范围很重要，不过，给用户品种齐全的信赖感也非常有必要。

选项太少也会导致客户动摇购买决心，如果能提出有效的应对方法，也能防止客户离开页面。

设计应用三原则

- >> **选项个数要考虑到商品特性，以期提供最佳数量。**
- >> **在选项多的情况下，分组会使用户更容易选择。**
- >> **灵活运用交互作用来辅助用户进行选择。**

第2章

从心理学的角度考虑市场营销

内容简介

消费者的购买理由

在网络出现之前，买东西的时候，消费者会去行动范围内的商店，比较摆放在眼前的商品，面对面地进行选择、购买。而在互联网兴盛发展的今天，消费者的选择范围扩大了。另外，只通过信息来进行比较的情况，不仅限于网购实体商品，在网站上申请保险和购买服务等消费行为也增加了。因此，在促使消费者选择本公司的网络服务之前，要了解消费者的心理动向和网络的基本结构。

理解消费者行为

购买决策过程的五个阶段

在营销中，一般认为消费者决定或放弃购买商品的一连串流程，会经过以下五个阶段：

① 问题的认识；② 信息的搜索；③ 选项的评价；④ 决定购买；⑤ 购买后的行动（见下图）

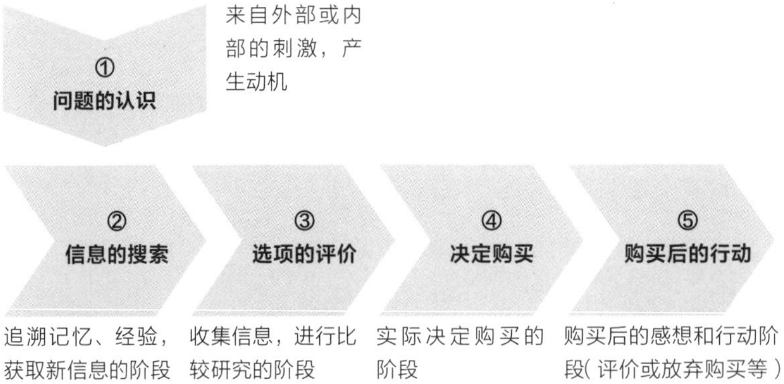

①
问题的认识
来自外部或内部的刺激，产生动机

②
信息的搜索
追溯记忆、经验，获取新信息的阶段

③
选项的评价
收集信息，进行比较研究的阶段

④
决定购买
实际决定购买的阶段

⑤
购买后的行动
购买后的感想和行动阶段（评价或放弃购买等）

广义地说，在“①问题的认识”阶段，有时是内在因素，有时是在外部因素的影响下，因为某种刺激而感受到对商品的需求。例如，看到朋友有的东西，自己也想要同样的。

消费者并不总是会从①到⑤完成全过程，而是会受各种原因影响而中途结束，所以在每个阶段都有必要采取适当的方法推进。本章从心理学的角度出发，介绍各个阶段如何引导用户向期望目标行动，同时防止用户关闭网页的各种方法。

人的欲望需求层次
不同生活状况下，“想要的东西”和“想实现的事情”

关于马斯洛需求层次理论

人做某件事在根源上是出于不同的欲望需求。美国心理学家亚伯拉罕·马斯洛（Abraham H.Maslow）的需求层次理论总结了人的欲望需求的五个层次（见下图），当下层的需求达到一定程度满足时，就会产生对上一层次的需求。

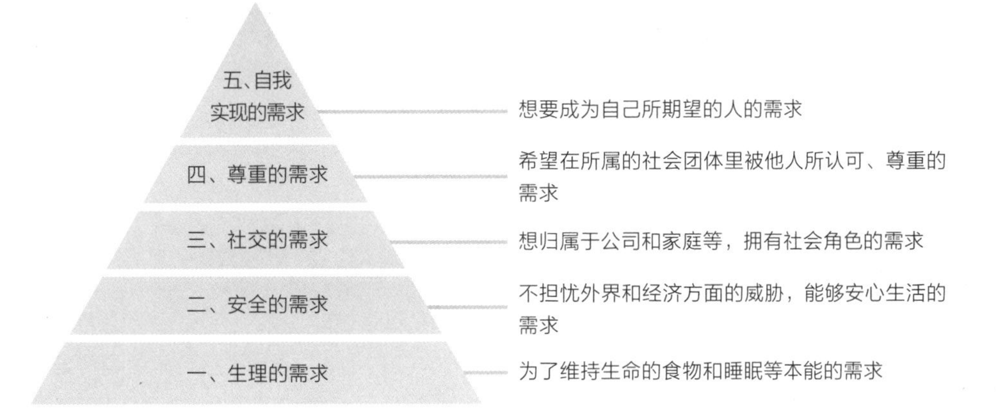

以此为基础，先了解你提供的服务和商品能满足用户的哪种欲望需求。例如，同样是饮食，如果是为了生存而不得不吃的饭菜，就是第一层次的生理需求；如果是为了在社交平台上晒出、引人羡慕的高级餐饮，那么就成为第四层次的尊重的需求。

顺带一提，马斯洛在晚年又提出了第六层次，即自我超越。这是超越自身利益和自我的观念，希望其他人也变得富足的欲望需求。

在营销中发挥作用

根据马斯洛需求层次理论，先要把握所提供的服务和信息等对应用户哪个层次的欲望需求，再用服务满足用户相应的目标。很明显，向连吃住都不稳定的人推荐去度假村旅游，根本不会被理睬。

另外，配合需求层次的交流也很重要。如果用户在安全需求的层次上寻找住所，追求的就不是身份地位，而应该是安全性和稳定性。当目标和应该传达的内容确定了，如何用公司的服务和商品来满足消费者的欲望需求就显得十分必要。其中各种各样的方法，会在本章中一一介绍。

人开始行动的动机
把动因和诱因分开来理解行动

根据动机而改变沟通方式

人即使产生了欲望，也未必会马上采取行动。特别是随着欲望需求层次的上升，紧急性就会下降。回想一下，自己的经验中也会有一些有欲望需求却无法实现的状态吧。这时就需要“动机”，“动机”大致分为“动因”和“诱因”。

动因，是内在产生的动机，比如“肚子饿了，想吃点什么”；诱因，是受到外界的刺激而产生的动机，比如“看到美食的照片就想尝尝”。无论动因还是诱因，都会引发行动，但两者组合起来就会使动机更加坚固，想象一下肚子饿的时候飘来美食香气的情景，就不难理解了。

对于饿着肚子进餐馆的客人，不需要“如果方便的话，差不多该点餐了吧”这样的沟通。但是对于还没决定要吃饭的人，“要点什么菜？”这样问就太突然了。判断用户的动机是“动因”还是“诱因”，采取恰当的沟通是很重要的。

动机和购买者对外部问题的认识

“必须做点什么”是消费者购买行动的起点，如果对照“购买决策过程的五个阶段”（详见第 52 页），相当于“①问题的认识”。从内部发起的“动因”使消费者不会受市场营销人员过多的影响，不过，来自外部的“诱因”可以利用给消费者带来影响的“参照群体”（详见第 76 页）和“光环效应”（详见第 118 页）。

例如，“订婚戒指的钻石花了三个月工资”的广告宣传，就是利用了参照群体和诱因，植入购买没有参照性的高价戒指的潜在需求。另外，也有很多诸如“与人比较时自己的行动”（详见“凡勃伦效应”，第 100 页），“不想失败，不想受损失”（详见“协和效应”，第 120 页；“展望理论”，第 150 页）等调动情绪的方法。本章对设定使欲望向行动转化的动机的方法，也有相应说明。

动机的种类和具体案例

动因

重视本能的内在因素

· 肚子饿了，想吃点东西（生理的需求）

· 想要冒险（探索）

· 想再看看，想知道（好奇心）

· 想玩，想动（活动）

诱因

重视外在的欲望对象的作用

· 因为有看起来好吃的蛋糕，所以想吃

· 想要成功，变得了不起

· 不想失败，不想失去

· 想在竞争中获胜

· 希望得到奖励

购买行动模型

理解在网络上发生转变（conversion）的流程（flow）

随时代变迁的购买行为

消费者从认知商品到购买的过程称为购买行为模型，随着消费者周围环境的变化而变化。如今已经有各种类型的模型被提出，这里介绍几个代表性的模型。

20 世纪 20 年代的“AIDMA”模型

20 世纪 20 年代，美国的塞缪尔·罗兰·霍尔（Samuel Roland Hall）总结了消费者面对广告宣传的心理过程，取每个阶段的首字母，命名为“AIDMA”，即关注（Attention）、兴趣（Interest）、欲望（Desire）、记忆（Memory）、行动（Action）五个阶段。

在互联网没有普及的年代，如果要买电器，就得去电器商场收集商品目录来斟酌，如果有喜欢的商品，再去店铺询问店员，然后进行购买。

在那个年代，将购买行动模型对应为 AIDMA，如下图。

AIDMA 模型

互联网出现后的“AISAS”模型

随着网络的普及，消费者的购买行为也发生了很大的变化。一方面，通过互联网检索，从生产厂商的网站上可以掌握商品品种，并了解从功能到尺寸的详细信息。另一方面，访问购物网站比较价格，就能找到卖得最便宜的网店，所以没有必要从附近商店有限的库存中进行选择。而且，还能看到在购物网站实际购买过的人们发表的评论。因为从发现喜欢的商品到购买的方式改变了，所以足不出户就能完成整个购买过程的情况也不少见了。

对此，大型综合广告公司日本电通集团（Dentsu Group）提出了 AISAS 模型（详见下页图）。随着近年来互联网的普及，AISAS 作为比 AIDMA 更现实的模型被应用在营销沟通设计上。关注（Attention）和兴趣（Interest）的下一个步骤是搜索（Search）、行动（Action），然后是共享（Share）。

AISAS 模型

社交媒体时代的购买过程模型

近来，消费行为更加多样化，针对以社交媒体为中心的人，电通现代通信实验室（Modern Communication Laboratory）提出了 SIPS 行为模型。SIPS 是共鸣（Sympathize）、确认（Identify）、参加（Participate）、共享和扩散（Share and Spread）的首字母。这是从社交平台开始到社交平台结束的模型，不过，它还不能代替 AISAS。

SIPS 模型

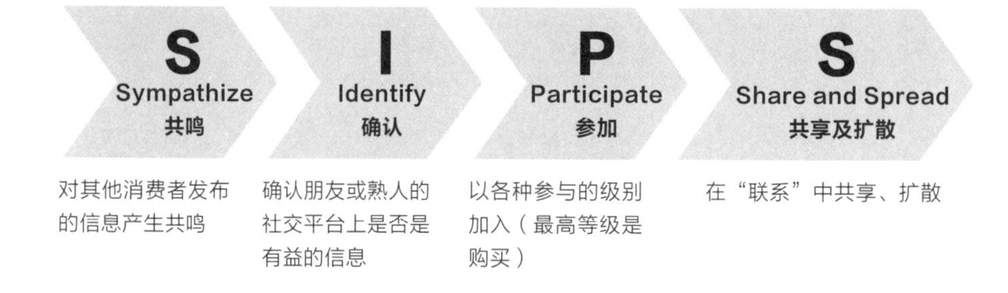

消费者行动的本质不变

现在的学生常利用社交软件进行交流，也有人想上课时传递小纸条，或者在教室里通过共享的笔记本交流。即使手段改变，但在“想跟朋友保持联系，共享各种各样的事情和感情”这一点上，现在和过去行为的本质并没有变化。

消费者行为模型也是同样的。随着环境的变化，消费者似乎采取了不同的行动，但“不想吃亏”和“想买到满意的东西”的想法不会改变。因此，不要被时代和技术变化的速度所迷惑，盲目地搞最新技术，或者耍小伎俩，而要以消费者的需求为出发点，提供令人满意的商品和服务。在此基础上，如果能灵活运用技术进步带来的更方便的工具和交流方法，可以预见会有更好的营销效果。

专栏
人会不理性地购物

什么是“经济人”？

如果是从事销售、营销相关的读者，也许听过“经济人”（homo economicus）这个词，是指遵循经济合理性行动的经济学上的人类形象。

经济人又合理又自私。在对事物进行决断时，不仅仅是选择“对自己最有利的一方”，而且“即使牺牲他人也要追求自己的利益”，是利益至上的存在。经济人是经济学理论中的假说模型，但实际上，“智人（homo sapiens）”却不能像经济人那样行动。

人类是不能成为经济人的

因为经济人是合理消费的理想化形象，如果经济人要购买某种商品，会调查全部的商品种类，所有的规格和价格、评价等，购买性价比最高的产品。

而且，经济人不会做出浪费的消费行为，不会被流行趋势左右，不会以电视上的介绍为依据，冲动购买某款流行的衣服，也不会去又贵又不好喝的咖啡店。当然，鉴于健康风险高的酒和香烟等嗜好品会产生经济上的损失，经济人也不会喜欢吧。

与此相比，真正的人类可能在心平气和地做着很多欠缺经济合理性的行为。不仔细看配置，就买了朋友称赞过的家电；裤子是去年的流行色，不好意思穿了，今年要重新买。还有，如果有网红咖啡店，咖啡的味道姑且不论，至少也可以成为谈资，不知不觉就去了。在经济行动中，很明显，人们不能像经济人一样行动，所以应该实事求是地研究人类的行为，这就是行为经济学。在本章中，论述了很多在行为经济学领域发现的理论和现象。

控制人类的是什么？

如上所述，人类的判断中存在着偏见，所以无法作出理想的合理判断。这可以认为是由人类的认知系统所导致的，换句话说，就是“直觉”。另外，“经验规律”会使人们根据过去的经验和刻板印象，以及其他很多深信不疑的东西，而判断失真。这一发现对 20 世纪后半叶的心理学也产生了很大的影响。比如，在本章介绍的“锚定效应”（第 58 页）等就是很好的例子，过去的刺激会歪曲自己的判断。

了解这些人的特性和不理性的决断法则，对网络营销当然也有帮助，而更广泛地说，还有助于改善社会服务的设计。

15 锚定效应可以营造优惠感

关键词：锚定效应

锚定，是指谈判的提案者先提出某些数值（锚定），从而给谈判对象一个框架。在价格谈判中，锚定会使谈判对象的判断发生变化，造成一种使妥协金额接近锚定值的认知偏差。锚，是为了固定船只而放入水中的工具。

没有根据的数字也会影响心理

首先，请看右图的照片，回答以下的问题：

（1）你觉得这瓶红酒会高于 100 万日元（约合 51 000 元人民币——译者注）吗?

（2）你觉得便宜吗?

第一个问题，觉得这瓶酒贵的人会回答在 100 万日元以上，觉得便宜的人会回答在 100 万日元以下吧？他们都在无意中受到数字 100 万日元的影响。如果将第一个问题中的钱数改为“10 万日元”，第二个问题会得出非常不同的结果。

还有这样的实验：在 5 秒内猜测“8×7×6×5×4×3×2×1”和“1×2×3×4×5×6×7×8”的结果，很多人猜测的前一个算式的结果大。在这两个算式中，先看到的数字给猜测结果带来了影响。

警惕价格欺诈

要注意降价的展示方式。如果设定比市场价更高的定价，也显示为大幅度降价，但该定价没有实际销售，或展示金额的销售时间很短，该行为就属于价格欺诈。

设置锚定来营造优惠感

利用锚定效应一般常见的手法，就是强调“原价 9 800 日元，现价 4 700 日元”的减价。原价成为锚定，给人以非常实惠的印象。

另外，锚定效应在金额以外的数字上也能发挥效果。例如，“一周内送到”的商品，第三天就送到了，给人“好快啊”的感觉；而“第二天发货”的商品也是在第三天送到，却让人没有好感。实际上，第二天发货，人们也会根据距离的远近推测一个合理的天数，但可能会感到发货有点迟。

+>> **谈判时提案者提出的数值叫作锚定。**

+>> **提示锚定会影响价格和决定数值的判断。**

+>> **锚定数值越高，预期金额越高；锚定数值越低，预期金额越低。**

网站应用

明确展示价格差异，营造优惠感

对于促销价格，如果有定价和建议零售价等能够比较的金额，用对比的设计展示，就能表现出实惠感。

展示的顺序不同，也会改变给人的印象

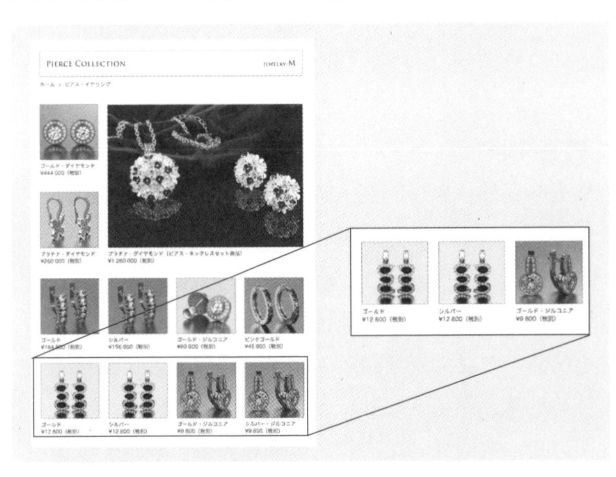

在电商网站上，如果商品价格区间大，先展示高价商品会使其他商品价格显得合理。另外，先展示高价商品，有提升品牌形象的效果。

设计应用三原则

● >> **找一个能有效衬托想展示的数字的“配角”。**

● >> **因为锚定效应会对所有的数字发挥效果，对金额以外的数字需要确认。**

● >> **数字不仅可以用于比较，还要注意展示的顺序。**

16 互惠原则
善有善报

关键词：互惠原则

互惠原则是美国社会学家罗伯特·B. 西奥迪尼（Robert B. Cialdini）在《影响力》（*Influence: The psychology of Persuasion*）一书中提出的六个影响力原则之一。它是指人只要接收到好的行为和举止，就会采取回报的态度，有返还对方的倾向。

爱的告白不是“请和我交往”，而是“我喜欢你”好吗？

向喜欢的异性告白时，比起“请和我交往”，还是传达“我喜欢你”比较好，这里有回报的原则。“请和我交往”会给人以索要做男（女）朋友的权利的印象。也就是说，要求得到“接受”。

但是“我喜欢你”给人的印象是我对你有好感（暂且不提回报），如果对方可以给一些回馈，就会想还给你。进一步解释的话，比起突然要求交往，平时持续表达好感的人，收到的“回馈”会增加，成功率也会增加。

什么是回报？

对接受的别人的某种行为进行反馈，以报答他人的好意（回礼）。

互惠原则是商业的本质

要将互惠原则运用到商业中，应该把“如果不能给予他人价值，商业就无法成立”铭记于心。互惠原则往往被认为是瞄准“小的投资获得大的回报”，其实突出的是商业的本质。

灵活运用于市场营销中的互惠原则

这个原则在实际市场营销中也是很常见的。身边的例子如超市的试吃区，顾客被散发的香味所吸引，吃了试吃食品，觉得不买点就会不好意思。这时，得到的食品要有足够的量，可以有几种食品的比较，价格越高，想要回报的心情就会越发强烈。

与试吃同样的道理，营销策略中把免费的东西做得精致也是重点。没付钱也能“得到”，消费者就会有“要回报”的心情。不过，如果使用多少就付款多少的话，得到的产品都是付了钱的，就会形成债务清零的状态。虽说如此，但在实际操作的时候，很难在免费的礼物上花费大量的费用，所以应该将商品的二次购买和提高客单价等明确设置为营销目的，再对营销效果进行检验。

+>> **所谓互惠，就是在接受了某些东西的时候产生必须回报的心理。**

+>> **在市场营销中，利用互惠原则，提供试用品或礼品。**

+>> **人们在试用品和礼品中享受到超出预期的服务，引导购买的可能性就会提高。**

网站应用

送给你超出期望的免费样品

有些化妆品生产商，会将试用装装在高级的盒子里，让人想象不到这是免费样品，从好的意义上“辜负”了人们的期待。

让用户也产生回报的心理：“这么好的东西，不买一些不太好吧。”

“服务外”的服务令人感动

美国著名邮购网站 ZAPPOS 的客户服务中心，会为想要在网站上买不到披萨的客户查询并告知其附近的披萨店。服务人员不仅会按服务手册进行应对，对附加商品进行详细说明，还会根据客户需求提供超额服务，这样的付出迟早会从客户那里得到回报。这就是成功的例子。

设计应用三原则

- >> 先不要求回报，试着提供自己能给予的东西。
- >> 将样品打造成高级产品来打动客户。
- >> 为客户着想的行为一定会给自己带来好处。

17 卡里古拉效应 障碍越大越有动力

关键词：卡里古拉效应

卡里古拉效应，指越是被禁止就越想尝试的心理现象。出自因为内容争议，部分地区禁止公映的《卡里古拉》这部美国和意大利合拍电影，而正是禁令激起了民众的好奇心，人们纷纷前往其他城市观看该片。

大家都经历过的“卡里古拉”

小时候，越是被说“不能做”，越是要做，挑战父母和老师的权威，读者有没有这样的经历？不仅限于孩子，而是因为越禁止，人对事物的欲望会越强烈的心理影响。当然，大人比孩子更能自制，但“禁止”会使人对那件事物更加在意，欲望更强。

比如杂志常见的“封装袋”就是利用了这一效应。因为不能随手打开阅读，所以想看的话，就只能购买了。

逆反心理

“卡里古拉效应”不是学术用语，但来自电影的用语容易流传，所以经常被提到。学术用语则是“逆反心理”，指的是在个人的选择自由受到威胁的情况下，想要恢复自由的反抗态度。

效果出众，但同时也是双刃剑

卡里古拉效应在“不……的人绝对不要读”等广告文案中经常应用，在网络营销方面同样有用武之地。例如，设置“不登录会员不能看”“不点赞不能看”等障碍，可能会刺激用户的欲望。

但是也需要注意，卡里古拉效应所激发起来的欲望，是想看被禁止看的东西，用户并不是想成为会员，或想在社交平台发布。因此，用户在达成目的后，马上退会或删除发帖的可能性非常高。如果跨越障碍得到的信息不符合期望，也会因为被提高的期望落空而感到不满。

虽然利用人性会获得出众的效果，但它也是一把双刃剑，所以要特别注意使用方法。

+>> **人一听到“不行”，就忍不住想做。**

+>> **设置“禁止”的障碍而使用户产生购买和登录会员等的动机。**

+>> **要注意，越过障碍之后，期待落空的用户会有不满情绪。**

网站应用

使用卡里古拉效果的文案

“不要看”和“不想瘦的人”这样的双重禁止，对于想减肥的人来说是很重要的信息，提高了他们对商品的期待。这是煽动性的广告语的使用，不过，注意如果打开链接前的阻隔过多，会影响用户对此的评价。

将“阅读的障碍”变成用户希望的操作

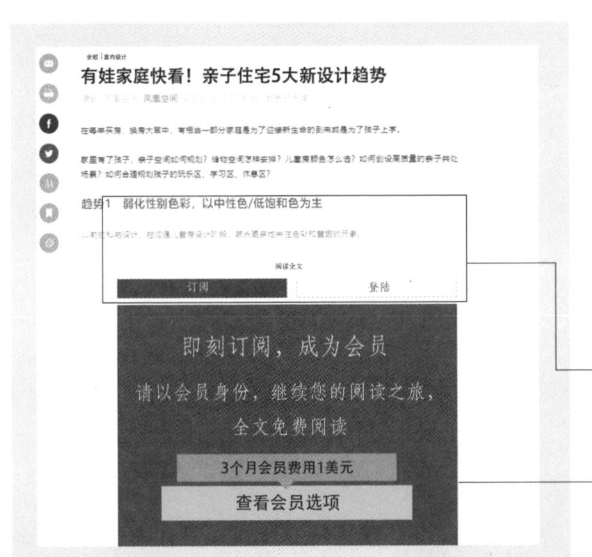

由于禁止阅读后续内容，使用户想要跨越障碍（登录会员）继续阅读。但因为用户不明白自己登录会员能得到什么，所以不会继续操作。如图所示，通过“研究数据请登录后查看”等提示语，明确用户能得到的信息也是重点。

报道的后半部分是只有会员用户才能阅读的，促使用户登录。

有的案例采用了更大的活动广告、覆盖整个页面的对话框等。

设计应用三原则

- >> 利用“越被禁止越想做”的心理。
- >> 不要做得过头，辜负用户的期待会适得其反。
- >> 除了用户导入策略，后续服务品质也很重要。

18 坏掉的自动扶梯现象
给消费者留下印象的不协调感

关键词：坏掉的自动扶梯现象

坏掉的自动扶梯现象指登上(或走下)停着的自动扶梯时，会有失调感。也被称为电扶梯效应。虽然知道自动扶梯没有动，但人的潜意识会记住平时乘坐自动扶梯时的感觉，进行微妙的平衡调整。

失调感并不是件坏事

站在服务的角度上，可能会尽量避免让使用者感到失调，但是产生失调感并不全是坏事。如“不良少年帮助了老人”就是一个很好的例子。如果是好青年，给人的印象虽好，但不能留在记忆中。

在积极的意义上“辜负”期待吧

要将失调感融入服务中，关键是要在好的意义上“辜负”大家的期待。比如“买了100日元(约合5.1元人民币)的咖啡，非常好喝”“以为营业员会推销商品，却被告知不推荐”等。你也许会想，这样做并不会有什么利润，但如果100日元的咖啡能成为客户进店的动机，使营业员的可信度提升，从长远看也能起到正面的作用。令人惊讶的是，这样的体验很容易被分享到社交平台上，所以可以期待二次传播的可能性。

注意避免无目的的失调感

读者可能有过这样的经历，单击带下划线的文本或标题一样的图片，结果什么都没发生。设计师可能为别的目的而进行了这样的设计，但最好避免给已经具有网络功能可见性(详见第22页)的事物添加其他含义，因为这不仅会给用户带来不协调感，使用网站时也很容易产生混乱感。

坏掉的自动扶梯现象的原因是什么

在我们的大脑中，存在着“自动判断的大脑”和“意识判断的大脑”。“自动判断的大脑”可以解决诸如骑自行车的方法，看到别人的脸就能瞬间读出是生气还是高兴等。虽然意识认为扶梯已经停止了，但在坏掉的自动扶梯现象中失去协调，是因为人类在自动扶梯上取得平衡的功能是“自动判断的大脑”所控制的部分。人对自动扶梯的自动判断与视觉可能有很大的关联性，在五味裕章所做的实验中，有报告指出，自动扶梯的台阶是否被覆盖住，可以决定是否产生坏掉的自动扶梯现象。

+>> **让用户产生失调感，有时会深深地印刻在他的记忆里。**

+>> **有时不按照可以想象到的方式应对，能在积极的意义上“辜负”用户的期待。**

+>> **在设计制作会“辜负”用户期待的导航时，注意不要太随意。**

网站应用

正因为是互联网，才能够产生让人感受温暖的回应

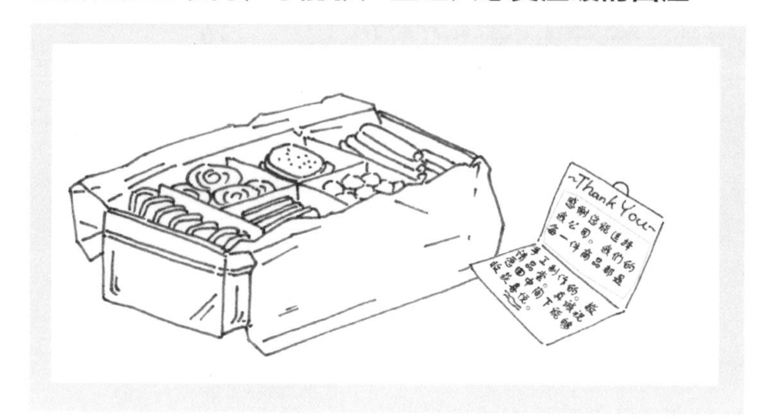

抵触在网上买东西的人正在减少，因为网购不会与活生生的人接触，所以即使商家只是在商品中附带了手写信，也会给用户留下深刻的印象。

用设计衍生出的失调感

触摸屏并不会像网站一样，点击链接就跳到相应的页面，而是用手指左右滑动来实现翻页，这种不协调感，也能给人留下记忆。

但是，如果设计了谁都没见过的动作接口，就有可能没有人知道使用方法，因此开发新的控制接口，需要吸收网络以外的功能可见性（详见第 22 页）。

左图为第一代 iBook 应用程序界面（图片来源：维基百科）

设计应用三原则

- \>> **所谓令人心情舒畅的失调感，就是在积极的意义上“辜负”期待。**
- \>> **注意设计不要过于奇特而损害可用性。**
- \>> **不能完全背离日常行为习惯，而是与平时稍稍不同就好。**

19 买家懊悔
购买后一定会产生的不安

关键词：买家懊悔

购买之后马上感到不安。与商品的质量无关，而是人有产生“真的要选这个商品吗”“不是还有其他的可以考虑吗”这种想法的倾向。可以认为是人们面临必须作出比较艰难的选择时，产生认知失调的结果。

讨论、决断后必定会产生的不安

假设您打算租房子，去了房屋中介公司，告知预期的租房条件，又比较了几处房子，经过仔细考虑后决定租下其中一个，但刚签了合同就会马上觉得“这个房子真的好吗”？感到很不安。或者在买车、签约健身房、买化妆品等场合，您有过这样的经历吗？当然，或许入住之后马上会对新环境感到兴奋，尽管如此，还是会突然涌出“这样好吗”的不安情绪。

而且，如果购买者的不安情绪太过强烈，就会产生解约、退货等行为。只是在很多情况下，购买者并不是想解约或退货，而是想从不安中解脱，如果能够用其他的手段消除购买者这种不安，解约或退货的可能性就会下降。

其实也有获得回头客机会的“买家懊悔”

为了消除不安，展示之前购买者的晒图是很有效的。如果能使用户实际感受到，购买了那个房子和车，会使自己的生活变得多么丰富多彩；看到使用化妆品或营养品后的效果等，用户购买后的不安就会变成期待。

同时，利用这个“买家懊悔”的时机，也有很大的机会获得回头客。如果顾客换成新商品，可能又会感到后悔、不安，但如果商品让顾客觉得“这个决定是正确的”，在下次购买时他就不会感到不安了。如果公司能得到顾客的信赖，顾客购买其他商品的可能性也会变得更大。

“冲动购买”中矛盾比较少？

经过纠结之后决定购买，“买家懊悔”就会到访，但在冲动购买的情况下发生率有降低的倾向。理由是，一般认为冲动购买的人本身对商品的期待值低，与其说是对购买的商品本身不满，不如说是让自己对冲动购物承担了一部分责任。

+>> **顾客购买后，无论商品好坏，都会感到不安，叫作“买家懊悔”。**

+>> **顾客购买后，无论商品好坏，都有可能会发生退货或解约。**

+>> **通过消除购买者的不安，可以减轻“买家懊悔”的心理。**

网站应用

用感谢信传达感谢之情

打电话或者发邮件表达“感谢您的购买”，应该会让人觉得，选择这家公司是件好事。对所有顾客都寄出手写信原件比较难，不过，至少保证文字是社长或负责人深思熟虑写下的内容，重点提及顾客购买的商品，尽量接近一对一的交流。

准备好来自顾客的声音和案例，做好“推手”，防止后悔

做好这些，对购买后的顾客也是很有效果的。特别是难以立刻感受到效果的保健食品、化妆品等，让新顾客看到有效果的案例和评价，也能保持住购买动力。

设计应用三原则

- >> 购买后的不安一定会到来，所以要提供让顾客放心的素材。
- >> 与顾客进行售后交流，使顾客感到“选择这家公司（店铺）真好”。
- >> 使用者的案例是让顾客放心的素材，积极地收集并发布吧。

20 劣势者效应
想支持失败者的心理

关键词：劣势者效应

人们对处于弱势的或状况不利却很努力的人表示同情，有想支持他们的心理，也称为法官偏袒。劣势者效应是与乐队花车效应（参见第94页）相反的现象。

为什么高中棒球联赛激动人心？

日本高中棒球联赛在举办期间，每天的新闻都会报道，比赛令人激动。如果想看高水平比赛，去看职业棒球和美国职业棒球大联盟（MLB）就可以了吧。可是高中棒球比赛有那些职业比赛里没有的感触，看着天真烂漫的高中生全力奔跑，发出叫喊的比赛身姿，会唤起人们想支持他们的心理，从而激发出情感。

另外，在选举中，候选人骑着自行车四处奔走，也会收获这样的效果。如果候选人只是从高级轿车中优雅地挥着手，是无法获得支持的吧。

法官偏袒效应

“劣势者效应”也直译为“败犬效应”，但是可能会引起误解，因此用将选票汇集到在选举中处于不利形势的候选人身上，令其在选举中获胜的“法官偏袒效应”来说明。

与其引人同情，不如让别人看到你的努力

网上曾有这样的图片流传，便利店里有大量布丁，并写着：

“由于订单失误，进货多了。打折出售，请帮个忙。”

与图片一起分享的还有店铺的地址，对此，很多人是会伸出援手的。大概是由于便利店在承认错误的基础上向顾客求助带来的同情和好感吧。

但是，人在战略上不能主动去犯错，想灵活运用这一效应，应该向顾客展示出经过多少试制品才能上市的努力的姿态。展示自己的努力也许会觉得害羞，但如果不说出来是无法传达出去的。

+>> **比起胜利一方，人们更想为失败一方加油的心理叫作“劣势者效应”。**

+>> **实际上，对“希望得到帮助”这样求助的声音，伸出援手的人很多。**

+>> **不仅是失败者，比自己年轻、经验少的人付出努力的情形，有时候也会产生这个效果。**

网站应用

在社交平台上发布商品研发过程

尝试用社交平台发布试制品制作的过程、发生的故障等平时不太能看到的情况，传达出努力和执着于商品品质的态度。另外，通过戏剧性的叙述，也能起到“故事讲述”（详见第 148 页）的效果。

在网站上让新员工登场

正因为在网络上看不见运营者的脸，才要让真实的人登场。可以是店长，但如果让新员工登场，表现出在工作当中记住工作内容的情景，也是很有效果的。新员工第一次销售商品，肯定会吸引很多顾客购买。（图中的图标实际为黄绿色，是日本的“新手标志”。——译者注）

设计应用三原则

- >> **让顾客看到自己努力奋斗的过程，吸引顾客来支持自己。**
- >> **如果真的遇到困难的话，坦率地寻求帮助是很有效的。**
- >> **不能编故事。不加修饰、真实的故事，才是有效的。**

21 皮格马利翁效应
刺激人购买欲的方法

关键词：皮格马利翁效应

美国教育心理学家罗森塔尔（Rosenthal）于1964年提出“皮格马利翁效应”的概念。他通过实验，比较教师抱有期待的学生和没有期待的学生之间的成绩差异，发现了这一效应。可见，来自外部的期待值会影响他人。“皮格马利翁”是古希腊神话中的人物。

果然人还是得到表扬比较好？！

经常听人说“某某是被表扬或被训斥就会成长的类型”，但本质上一定是“被期待就会成长”吧。

被训斥而成长也是被期待的表现，是积极的训斥。仅仅是被骂、被否定，人是不会成长的。

顺便说一下，因失望和被批评，人的动力减弱，结果只有实力下降，这是“傀儡效应”（Golem Effect）。

在市场营销中表扬谁？

皮格马利翁效应用在自己的工作、人际关系及自我动机管理上都可以，在营销中的应用就是对顾客传达期待。例如，英语口语教育机构在网站和广告中介绍学员，把学员努力实现了目标，并期待着更进一步的故事，传达给正在考虑是否听课的人。这不仅是一次宣传，实际上被介绍的学员也会有动力，进而提高自己的水平，而且这也关系到教育机构的实际成绩，确实是双赢。如果是提供解决方案类型的公司，可以尝试介绍成功案例。

此外，对用户的“测试”也是有效的。通过“你是某某类型”的测试结果，可以促进用户采取期待中的行动。

什么是皮格马利翁效应？

对现实中的女性失望的皮格马利翁爱上了自己雕刻的女性。他为雕像准备饭菜，送礼物，并且称呼它为“爱妻”。他的祈祷传到了爱与美的女神阿佛洛狄忒的耳中，她给雕像赋予了生命，使其成为真正的人与皮格马利翁一起生活。

傀儡效应

傀儡效应与皮格马利翁效应正相反。由于持续对人传达不好的印象，最终不好的印象会变成现实。其来源是犹太传说中的戈莱姆（Golem），它是一个被诅咒而“活了”的泥人，取下额头上的铭牌，就会变回普通的泥人。

+>> **所谓皮格马利翁效应，就是指人如果被寄予期待，会提高动力的心理。**

+>> **通过向对方发泄失望和批判，导致其动力减弱、实力下降是傀儡效应。**

+>> **在市场营销中，通过给予顾客目标、表扬等期待来赋予其动力。**

网站应用

发布成功者的声音关乎双赢

发出取得资格、达成目标等这类用户的声音。不仅要赞扬每个人的努力，而且把对浏览资料的顾客的期待也作为信息注入其中，激励他们。

灵活运用“测试”促进行动

“测试”作为社交平台、网站的内容是可以持续保持人气的。这指的是在用户回答了几个问题后，就显示“你是某某类型”这种形式的测试。

测试一般设计成让用户开心的内容，无论测试结果怎样，用户都不会觉得不好。并且，根据测试结果，用户在不知不觉中进入了被寄予期待的状态。例如，以“推荐给某某类型的人”这样的形式来推荐商品和服务。并且，与社交平台结合，可以期待二次扩散的效果。

设计应用三原则

- >> 通过提高服务的期待值来增强顾客的购买动力。
- >> 通过增强顾客的购买动力而扩大业绩来取得双赢的成果。
- >> 否定和批判会产生相反效果，所以不要忘记优选网站和评论的对策。

22 目标设置
通过宣言而改变行动

关键词：目标设置

目标设置，就是将目标用语言发布出去，会引发必须说到做到的心理，并将目标印入潜意识中，产生认为它能够实现的效应。可以说，为提高学习能力和取得成果而设定目标就是具体案例之一。

语言造就了人

日本将棋第一人羽生善治在接受采访时说：“语言造就了人。正因为如此，说出口的话要好好考虑和珍惜。”羽生善治将此作为信条。正面的发言会让人产生积极向上的心情，但如果说出不想做、讨厌的事，真的会讨厌那件事，说别人不好的话的人也会渐渐变得令人讨厌。谁都有这样的感受吧。

让顾客发出宣言

用语言表达出来的目标容易使顾客转化为行动，所以制造出促使消费者发布商品相关信息的契机是商品营销的重要手段。例如，顾客在社交平台发布对商品的感受就能参加的抽奖，写评价就能得到积分等。除了有广告效果外，通过顾客描述商品的优点等，也能够将商品深刻地印在潜在消费者的记忆中，有很大的可能性成为商品和服务的真实消费者。

另外，如果是减肥和训练等领域，提供的是需要顾客自身实践的服务，目标宣言和成果的可视化也很重要。提供记录表和应用程序等帮助消费者实现目标，也能使消费者体验到通过商品或服务取得了成功。

社交平台上发布的内容是什么？

以某种激励作为交换，让顾客在社交平台扩散这样的宣传手段已经很普通了。不过，让我们也关注一下发布的内容吧。无论是谁，在社交平台发布状态的时候，都是以想要共享某种感情、期待获得认可等为契机。很多人会想向大家介绍自己喜欢的时尚品牌和会员制餐厅，但是很少有人愿意分享购买的拿不出手的商品。灵活运用社交网络时，应该考虑到内容与商品之间的契合度。

+>> **这里的“宣言”是指决定目标和任务，将其说出口、发布在社交平台或写在纸上的行为。**

+>> **把写好的目标贴在墙上，每天看，告诉他人，更容易付诸实践。**

+>> **将推荐和评论可视化，商品可能会获得更大的支持。**

网站应用

灵活运用社交平台的活动“宣言”

对于可以在申请和购买时同步发布到社交平台的动态服务器页面（Active Server Pages，ASP）等，可以灵活应用宣言。通过省去社会化登录（Social Login）的输入，提高使用的便利性。

减肥网站等场合，提供用户发布宣言和管理目标的环境

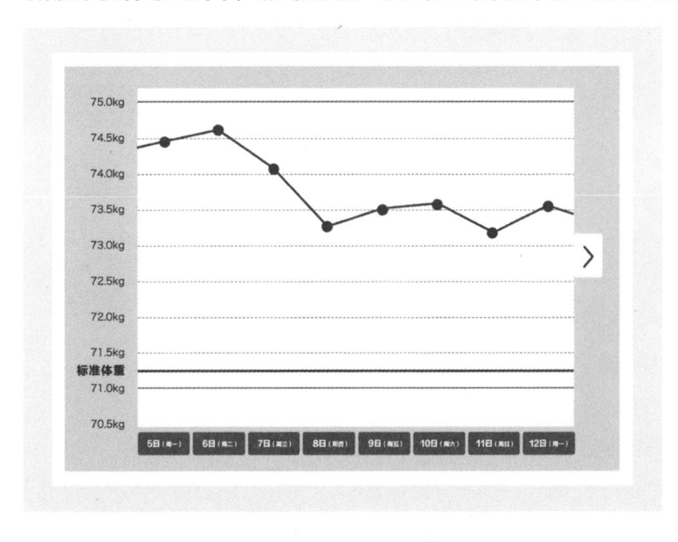

为减肥类等持续性很强的商品提供记录功能和应用程序等。用户一边发布宣言一边坚持，最终更容易成功，也提高了满意度。

设计应用三原则

- >> 创造让顾客发布“想要”“很好用”等想法的契机。
- >> 客户的宣言也可以用于对新客户的宣传。
- >> 通过让用户发送评价，来激发用户的活跃度。

23 认知失调
厌恶矛盾的心理

关键词：认知失调

人对于自己和环境的认识、意见、信念是“认知”，矛盾的认知产生不愉快感和心理紧张的情况称为认知失调。为了消除这种不愉快感，人们会考虑改变自己的态度和行动。这是利昂·费斯汀格（Leon Festinger）提出的理论。

吸烟对身体好吗？

为了逃避认知失调的矛盾状态，于是选择改变思考方式和行动。很多吸烟者都处于这样的情况，参考下面的案例更容易理解。

“①吸烟对身体不好”但是**“②我正在吸烟”**。

面对这两个事实时，人很难接受自己吸入对身体不好的东西，于是想要改变思考方式和行动。比如，如果戒烟的话，就变成:

“①吸烟对身体不好”所以**“②我没有吸烟”**。

矛盾就消失了。但是，也有无论如何都戒不了烟的人。他们的情况是这样的：

“①吸烟对身体不好”但是**“②我正在吸烟”**，

然而**“③因为我喜欢吸烟，所以不想戒烟来换取长寿”。**

加上③的思考方式，就能逃避矛盾了。或者也有人认为“香烟和寿命没有关系”“不能吸烟的压力对身体更不好”等。

利昂·费斯汀格（1919—1989）

美国社会心理学家。他提出了著名的认知失调理论和社会比较理论。他关于认知失调的理论著作有《当预言失败》（*When Prophesy Fails*）。

在网络营销中灵活运用人心中涌动的失调

灵活运用认知失调的方法有两个。一是不要引起失调。比如，发现“非常好的商品却异常便宜”时，人们为了消除矛盾会认为“肯定有什么瑕疵”，从而降低购买欲望。为了避免这种情况，有必要给出合适的价格和说明，比如“好的商品很便宜”，但它是“过时的商品”，能够消除矛盾。

二是引起失调。在通过横幅广告、邮件杂志等手段引起用户的兴趣时很有效，例如，“减肥的秘诀就是吃自己喜欢的东西！”看到这样的文案，会使顾客陷入认知失调，然后他们一定会去找出解除认知失调的信息。当然，一定要提供能令人信服的信息、商品和服务，要注意，广告发挥的效果只是暂时的。

+>> **当内心有认知矛盾时，就想通过改变自己的行为来逃避认知矛盾。**

+>> **在无法消除失调时，会追加新的道理和理由，以逃避认知矛盾。**

+>> **很难改变顾客的行动，就想办法改变他们的思维，使其正当化。**

网站应用

在促销中防止认知失调的方法

“好东西都贵”使用户产生安全感，最好避免在不经意间破坏用户的这种安全感。如果商品卖得便宜的话，有必要给顾客一个可以接受的理由。

通过引起认知失调使人注目的广告词

“想吃就吃的减肥法”

“睡觉就能赚 1 万日元！”

破坏“减肥要忍耐”“赚钱要努力工作”等一般认知的文案，会让人感到认知失调，而想要消除这种失调感，因此也就产生了想要关注广告的欲望。

设计应用三原则

● >> **想要吸引人们的兴趣时，采用让人产生认知失调的文案。**

● >> **通过消除失调感，给人以安心感。**

● >> **极端良好的条件会令人产生怀疑，所以应该给出理由。**

24 参照群体
总是在意别人的目光

关键词：参照群体

指会对人的行为产生影响的群体。不仅限于家人、地域、学校、职场等身边的群体，考虑到未来所属的群体、想象中的人物也可能成为参照群体。20 世纪 40 年代，参照群体理论由社会心理学家赫伯特 · H. 海曼（Herbert H.Heyman）提出。作为影响消费行动的思考方法，参照群体理论也应用于市场营销。

不怕舆论的年轻人心理

以日本涩谷和原宿为活动中心的年轻人，喜欢各种各样的流行元素，比如“AMURA”（指模仿日本女星安室奈美惠的打扮——译者注）、泡泡袜、厚底靴等潮流，以及各种各样的年轻人用语。回想起来也许会感叹下年少轻狂，但当时就算身边的大人问起：“这种时尚哪里好？”也并不在意。但要说不介意周围的目光，也并非如此，而是很大程度上更加介意朋友和同龄人的评价，以及受到所崇拜的名人的言行的影响。

这就是参照群体，年轻人受到参照群体内的声音和评价的影响很大，对除此之外的目光就不怎么在意了。

赫伯特 · H. 海曼（1918—1985）

美国社会心理学家，以民意调查为方向。从 1942 年到 1947 年，协助美国政府进行了各种民意调查和社会学调查。1942 年，海曼正式使用了“参照群体”一词。海曼著有四本关于民意调查的著作，如《地位心理学》等。

影响购买心理的参照群体

参照群体对顾客购买的品牌有很大的影响。可能每个人都有自己喜欢的品牌，但是不管这个品牌多么高级，如果身边的人完全不知道，就很少有人会想用。在社团活动的足球部、棒球部和篮球部，受欢迎的运动品牌也有所不同。从另外的角度来说，想用不一样的品牌来证明自己的与众不同，也可以说是受到了参照群体的影响。

另外，参照群体不仅体现在自己所属的群体，也体现在人们向往的群体（间接参照群体）当中。例如，“名媛模特专供”等广告语会影响那些有向往的不属于此群体的人。

间接参照群体

虽然不是自己所属的群体，但依然是间接意义上的参照群体。比如，将来想从事的职业、崇拜的名人、博学多识的专家等。

+>> **家人、朋友等会对人的行动和态度产生影响的群体称为参照群体。**

+>> **年轻人追随同龄人的潮流，可以说是参照群体理论的表现。**

+>> **自己所属的是参照群体，向往的对象是间接参照群体。**

网站应用

口碑效应中只有明确评论者才能提升效果

即使看到了好评，如果用户不知道评论者是谁，宣传效果也会减半。产品的营销方案可以针对影响对象的参照群体来收集一些评价。

如果不能公开个人信息，也要写出评论者的年龄和职业，让用户觉得“这是与我立场相近的人”。宣传时最好在评论中加入这类信息。

用向往的对象“间接参照群体”引起用户的兴趣

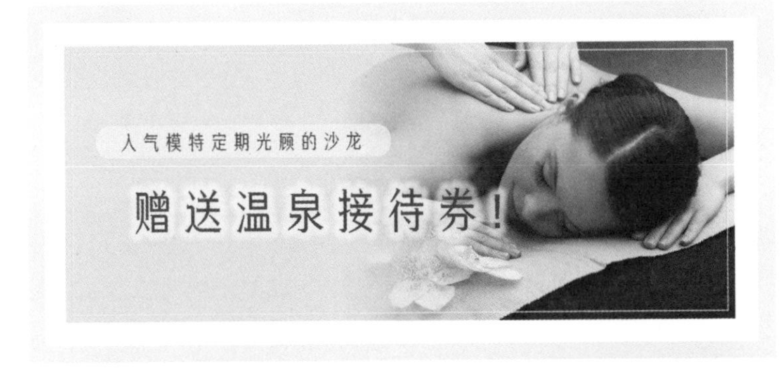

所谓间接参照群体，是指自己不属于但希望成为一员的群体，或将来会加入的群体。没有太大知名度的品牌等，可以有效利用这个原理。

例如“人气模特定期光顾”“人气歌手某某先生专供”这样的宣传语，是面向向往成为人气模特和艺人的群体强力宣传的固定策略。另外，在选定形象代言人时，考虑到这点也很重要。

设计应用三原则

- >> 朋友、同事的意见和评价会带来很大的影响。
- >> 自己希望成为其中一员的群体，也适用于参照群体理论。
- >> 来自群体外的评价难以传递到目标群体的用户，请注意不要搞错目标。

25 重构
用语言的魔术让形象发生 180° 的转变

关键词：重构

重构，指去掉事物的原有框架，放在不同的框架中重新审视。原为家庭疗法的一种，用另一种视角重新考虑某个事实，是改善对家人和环境的认知的一种认知行为疗法。

只凭一个说法就消极了

“只剩 10 分钟了”和“还有 10 分钟”是最易懂的重构的案例。同样的 10 分钟，给人的印象却大不相同。

在营销中，灵活运用重构的案例有很多。如果应用于广告文案，可以将用户的负面想法或者本公司的弱点从优势的角度传达出来。

例如营养品的文案，“一天一瓶果汁的健康习惯”比起“每月 4000 日元的健康习惯”不是更容易让顾客直观感受吗?

另外，规模较小、质量好，却缺乏迅速的反馈机制、服务区域有限的中小企业，如果说“本公司的优势是像家人一样的亲切服务”，也有“能让人感到胜过大企业”的效果。

咨询中的应用案例

“重构”经常被应用在心理咨询中。例如，对于厌恶自己优柔寡断的人，可以试着改变评价的框架，评价为“思路宽广，能够想象出各种各样的情况”等，以减轻烦恼。

如果没有重构的标准，就来创造一个吧

在没有明确服务标准的领域，如红白喜事、律师咨询和住宅安保等方面，可以灵活运用“重构”的方法。因为在日常生活中，几乎没有多少机会涉及这些方面，所以很多人不知道以什么标准来选择。

在这种情况下，客户容易通过价格比较来确定服务商，所以最好制作“从不失败的某某选择方法”等内容，并结合自己的观点，为客户提供选择比较的“标准”。特别是在“我们提供高品质的服务，却总是因价格被其他公司抢单”的情况下，会更有效果。

+>> **对消极的状况试着改变想法，可能就会变得积极。**

+>> **通过改变观点，在很大程度上改变评价和印象就是重构。**

+>> **通过创造框架，可以左右用户的参考标准。**

网站应用

切入点不同，给人的印象也会随之改变

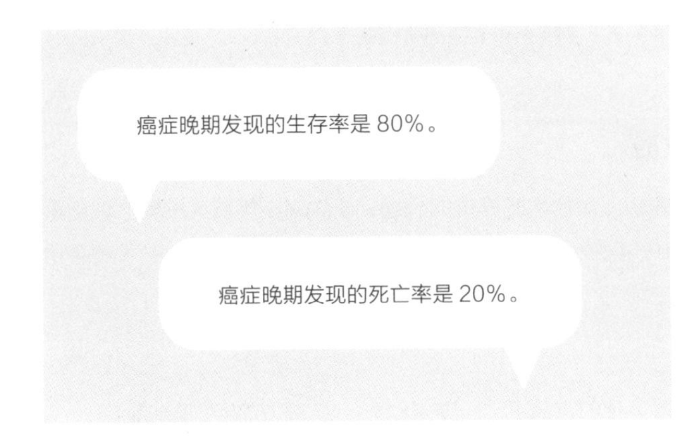

虽然说的事实是一样的，但是下面的宣传语明显增加了人的危机感。仅仅是改变切入点，给人的印象就会发生很大的变化。

制作框架，将顾客引向“选择本公司”

商品比较难卖，公司的主要领域比较冷门，相比其他公司有劣势的时候，如果以“给第一次接触的人”“开始之前需要知道……”这样的切入点来制作宣传内容，就能为用户提供商品的选择标准。

虽然自卖自夸不太好，但将本公司产品的优势放在比较轴上，也有利于顾客进行比较研究。

设计应用三原则

- >> 试着思考能让公司弱点变强的要点。
- >> 试着思考能转换为对用户有利的切入点。
- >> 为难以比较的服务行业提供比较轴。

26 首因效应和近因效应
最重要的在开始还是结尾？

关键词：首因效应和近因效应

首因效应是指人们根据第一印象来作出对他人的评价的心理，于1946年被波兰裔心理学家所罗门·阿希（Solomon Asch）通过实验证明。近因效应与之相反，即最后发生的事情会给人留下深刻的印象，也被称为新颖效应。

“开始很重要”“结果好就一切都好”，哪个才是正确答案？

在各种场景中，我们会听到“开始很重要”“结果好就一切都好”的不同说法，到底哪一个才是真的呢？

从心理学角度来说，前者是首因效应，在最初的印象中感受到的会对之后的感受产生强烈的影响。最初给人“知性、感觉很好”印象的人与给人“又脏又冷淡”印象的人，即使之后的言行举止相同，被人接受的方式也会截然不同。

后者是对最后发生的事情留下深刻印象。例如，在可以愉快地享受美食的店里，如果结账的时候受到敷衍了事的接待，客人也不会再打算来了吧。

注意力的懈怠是原因

回想一下最近看的电影和电视剧，即使能想起开头和结尾，也难以回想起中间发生的情节吧。这和人的注意力持续时间有关，成年人平均为40～50分钟，最长为90分钟。

如何在网络上交流

虽然不会与用户直接接触，但在网站上也会产生这样的现象。例如，想要面试的企业网站设计比较陈旧，新闻也没有更新，就会连应聘的意愿也没有了。实际上，即使是大企业，条件和薪金都很好，也会失去招募的机会，包括几十亿规模的企业，这种情况也是常有的。

试着思考一下近因效应的情况。顾客在某网店购买了商品，但是只显示了订单完成，没有收到确认的邮件。顾客在想：“真的能送到吗？”而后商品突然就送到了。这样即使物美价廉，顾客也不太会考虑再在这家店购买了。也就是说，给顾客留下良好的第一印象，直到交易最后也不能偷工减料，良好的交流才会赢得顾客的充分信任，这点非常重要。

+>> **在事物的开始到结束之间，留下深刻的最初印象叫作首因效应。**

+>> **在事物的开始到结束之间，留下深刻的最后印象叫作近因效应。**

+>> **两者都是真实的，应该注意最初的印象和最后的印象两个方面。**

网站应用

第一印象就不会让人失望的交流

过时的设计、有错字漏字的报道和图像显示错误的网站，给人的第一印象如同不讲卫生的散漫职员，或使人联想到破破烂烂的公司大楼。浪费了吸引用户的机会，造成了损失。

全程服务，服务品质“不缩水”

发送传达感谢的订单受理邮件和发货邮件等，一直到商品送到顾客手中的各个环节，都要好好地对待，让顾客还想在这家店购物。

设计应用三原则

- >> 如果第一印象不好，即使后续的内容再好，别人也不会去看。
- >> 整洁的设计、没有错别字的文本等是网站的仪容仪表。
- >> 正因为网络营销不是面对面，所以更不能省略必要的服务环节和内容，用心接待顾客很重要。

27 一面提示与两面提示
宣传缺点更畅销

关键词：一面提示与两面提示

一面提示是指在交流过程中只传达优点，两面提示是指在交流过程中传达优点和缺点。在社会心理学领域，有学者研究了两面提示和一面提示在以说服对方为目的的交流和对方的态度变化上的效果和倾向。

全是优点的商品文案，你相信吗？

“只要喝了这种营养品，任何人都能马上减肥。”

“吃喜欢的食物也能达到理想体型，而且每月只需980日元！”

只有优点的营养品，想买吗？人如果只知道对自己方便有利的信息，就会问：“真的有这么好的事情吗？”有感到不安的倾向。考虑到这一点的交流方式就是“两面提示”和“一面提示”。相对于上面的案例，“非常有效的营养品，但是价格很高”等，有与得到的好处相应的障碍，人是容易理解的。传达缺点，会使顾客对商品、服务以及对传达信息的人也会产生信赖感。

在两面提示成为缺点的情况下

两面提示是指好的一面和坏的一面同时传达，一般认为比一面提示好，不过也有例外，例如医生给没有相关知识背景的患者提供过多的信息，患者可能会出于外行的判断而不积极配合治疗。

有一面提示有效的情况吗？

看起来，在商品营销中两面提示是非常必要的，但实际上也有一面提示有效的情况。

一个是对方没有相关知识背景的情况。因为即使给出种种信息，对方也无法进行判断，还可能会想“虽然不是很懂，但如果有什么缺点那就放弃吧”。在这种情况下，帮对方判断是否满足其要求，再用一面提示比较好。

另一个是希望推动顾客进行大采购的时候。在最后阶段提示了商品的缺点或其他的选项就又会使人烦恼了，如果不是明显的不利选择，一面提示比较适合。

+>> **传达优点和缺点两个方面是两面提示。**

+>> **只单方面地传达优点是一面提示。**

+>> **根据不同场合来分别使用两面提示和一面提示是很重要的。**

网站应用

两面提示，传达的顺序很重要

案例 1

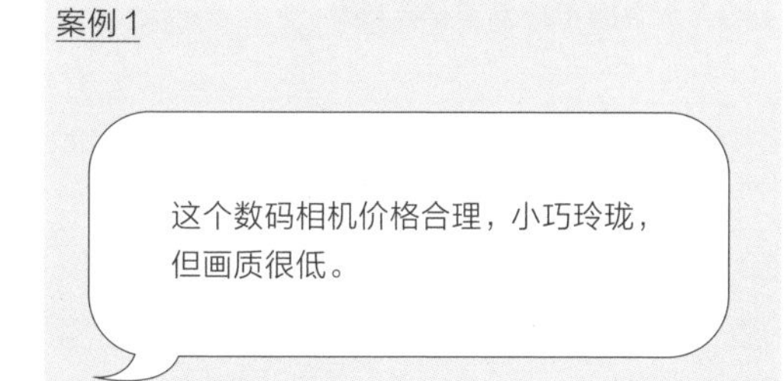

案例 2

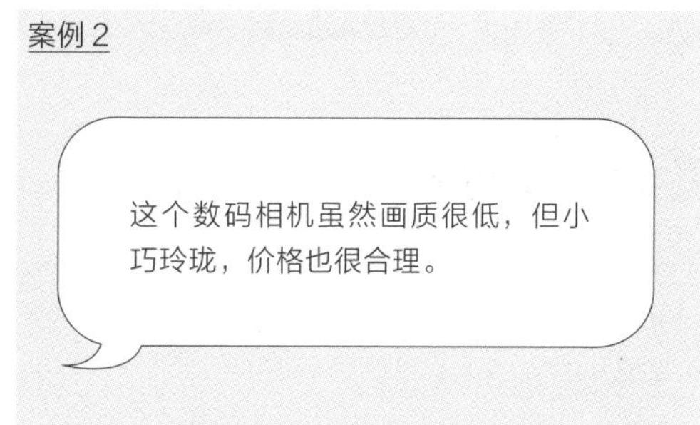

虽然说的内容是一样的，但给人带来的印象却不一样，这是一目了然的吧。两面提示会根据传达信息的顺序改变人们对它的印象，所以先传达最想让对方知道的缺点是关键。

缺点最好是优点的另一面

“这款相机有很多设置，虽然使用起来比较难，但只要掌握了，谁都能拍出专业级别的照片。”

使用不便是缺点，不过，这也是想拍摄出专业级别的照片的代价，并不是纯粹的减分点。

设计应用三原则

- >> **根据情况不同，分别使用两面提示和一面提示。**
- >> **一面提示有时也有效，但是只在能对选择负责的情况下。**
- >> **两面提示的重点在于优点和缺点的平衡以及传达的顺序。**

28 曝光效应
通过重复来提高信赖感和好感度

关键词：曝光效应

美国心理学家罗伯特·扎荣茨（Robert Zajonc）在1968年的论文中提出“曝光效应”，也称为单纯暴露效应。人在刚开始对可能没有兴趣、不擅长的东西，看、听了好几遍之后，就会渐渐地产生好感。

每天早上看到的播音员注定受欢迎

早晨，各电视台都会播报新闻，一定有很多人每天看固定的频道吧，大多也会有喜欢的播音员，这与“曝光效应”的规律有关。

反复接触的人、事、物，可靠性会增加，好感度也会提高。

每天在早间新闻中看到相同的播音员，对他们的好感度也会上升，是可以理解的。

在网络营销中的灵活运用

线下营销的客户维系也是如此，间隔时间越长就越难再联系。优秀的营销人员会经常提出“介绍新业绩”“有机会到附近拜访”之类的请求，并多次露面，起到了一定作用。在网络服务中，如何增加与顾客的接触次数也是重点。

也就是，需要找个下次联系的借口。可以考虑各种切入点：例如，邮件杂志获得用户的出生年月日，发送祝福邮件；用户收藏的喜爱商品快要卖光就联系等。

虽然接触次数多一点比较好，但是发送大量不必要的邮件和通知会起到相反的效果，所以应该尽量选择有利于用户的时间和节点进行联系。如果平时经常网购，分析一下自己与不经意间打开的网店之间的交流，应该会获得一些启发。

扎荣茨的界限

这个曝光效应并不意味着强行与讨厌的人多次接触就会喜欢上。通过增加接触次数来提升印象，通常认为10次是界限，除此之外的接触给人带来的印象几乎没有变化。另外，根据接触事物的不同，印象的提升程度也会有所不同。

+>> **接触次数增加，也许会对最初不在意的事物提升印象。**

+>> **被讨厌的人纠缠不休，也并不能增加对对方的好感。**

+>> **在市场营销上，通过适当增加与用户的接触次数，也能获得用户的信赖。**

网站应用

能与用户保持持续接触的阶段性邮件

从感谢会员登录和购买开始，介绍商品的使用方法、方便的功能和优惠券等，分阶段构筑与顾客的关系是很重要的。

根据用户的行为，进行适当的交流

收藏的商品快要卖完了、定期购买的商品发货之前，应该选择适合用户的时机进行交流。可以通过预先制定规则，由系统来实现。

设计应用三原则

- >> 找个借口增加与用户的接触次数。
- >> 交流的时机和内容很重要，不要强加于人。
- >> 借助系统的力量，建立与用户最佳的沟通方式。

29 消除紧张
为什么到家前都是在郊游?

关键词:消除紧张

紧张状态结束后,注意力欠缺的状态,称为消除紧张状态。大考结束后可能会不小心犯错误、郊游归途容易发生事故等,这是种很容易产生的精神状态。

说“回到家之前都是郊游”的理由是?

学生时代大家听说过这句话吧,这就是对“消除紧张状态”的提醒。愉快的郊游结束后,由于注意力散漫,发生事故的概率会增加,所以难怪人们会常说这句话。

连带销售的技巧

在书店里表现为,通过把受欢迎的图书堆在收银台前,让喜欢书的顾客产生“既然那么热门,还是买一本吧”“这个也顺便买了吧”等想法的“组合购买”技巧。在亚马逊常见的“组合购买”,不一定是销售人员推荐的商品,而是会根据顾客的购买历史,推荐“购买这件商品的人也买了这些商品”。当然,连带销售的方法有很多。

组合购买是最大的机会

在日常生活中要注意的状态,对销售来说也是最大的机会。特别是顾客在购买大件商品的时候,经过各种对比纠结之后决定购买,正是处于紧张之后的状态。

怎么办呢?这时再给顾客推荐一个关联商品。这样既能缓解顾客的紧张情绪,“要不那个也一起买了吧”,又能促进组合购买的可能性。

但是,推荐的东西相比购买的商品,应该价格便宜且有关联性比较好。对精挑细选购买连衣裙的女性说“再买一件不同颜色的”可能比较难,但如果推荐适合连衣裙的鞋子和装饰品的话,“为了让好不容易买的连衣裙穿起来更可爱”,顾客很可能会购买。

这样的组合购买倾向,在高额商品上也同样效果显著。买车时,顾客在被劝说的情况下购买数万、数十万日元加装选项的概率非常高。

另外,这种状态会导致顾客注意力散漫,为了避免出现合同内容与期待不一致等情况的投诉,要催促顾客再次确认,通过书面和邮件等方式传达商品的详细信息。请顾客关注确认事项也是很重要的。

+>> **人在紧张的场面结束后,注意力中断的状态叫作消除紧张状态。**

+>> **顾客下定决心购买后,根据消除紧张理论,会产生放松钱包的瞬间。**

+>> **对于与已决定购买的商品相关的附属品等,客户会比平时更容易购买。**

网站应用

推荐“想一起买”的商品

显示推荐购买或与标示商品相关的商品，以提高顾客组合购买的可能性。这时，推荐商品与主要的商品相匹配很重要。

推荐商品因场景不同而不同

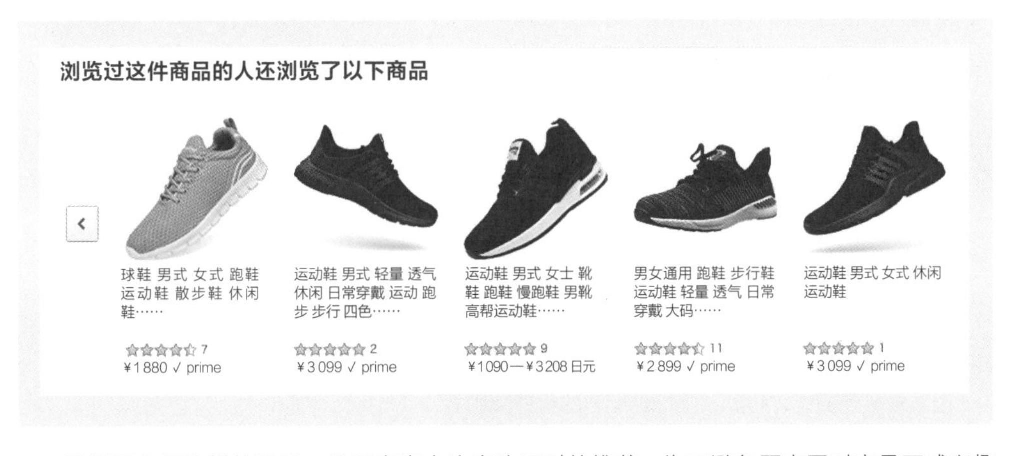

类似于上图这样的显示，是顾客尚未决定购买时的推荐。为了避免顾客因对商品不感兴趣而离开页面，将类似的商品作为选择项进行提示。要注意，不要将这样的推荐商品与顾客决定购买后的推荐商品相混淆。

设计应用三原则

- >> **顾客在决定购买后，向他推荐相关商品。**
- >> **把握好推荐的时机和商品。**
- >> **注意不要因为顾客注意力放松而导致合同内容的不完备等情况。**

30 对比效应
引导用户的比较魔术

关键词：对比效应

也称为感觉对比。对一件事给予好坏等评价时，受到对前一事件印象的刺激影响，对这一状态刺激的感觉会产生偏差，对比效应指两个刺激之间的差异产生的强化评价作用。相对评价比绝对评价更容易使人感受到好或坏，也属于对比效应。

怎么判断价格的合理性？

想购买某个商品的时候，是怎么判断价格合理性的呢？并不是像考虑“这种商品成本多少，各项费用有这么多……”这样判断的吧。

当然，也有单纯对比金额大小的情况，但一般比较商品的时候，应该对服务和内容的不同进行比较来综合判断。

没有比较对象，不知道市场行情的商品和服务等，顾客容易因为不能确信价格的合理性而无法下决心购买。

如何准备最佳的比较对象？

如果只有一个选项，顾客是很难下决心购买的；但如果排列着相似选项，顾客的决心也会变迟钝。这是因为人不想因为自己的判断而受损失，有这个风险就不能下决心购买。

从提供服务的一方来看，就要避免这样的情况，可以通过准备恰当的比较对象，来减轻顾客的心理障碍。

例如，在设定付费计划等时，不是只准备一个方案（标准版），而是准备功能有限的简易版和（更高级的）顶配版作对比，顾客就会更容易选择标准方案。

提升西瓜甜味的盐

对比效应（感觉对比），在心理学领域之外也被广泛地使用。例如，在西瓜上撒盐后吃，对比两种味道，西瓜的甜味会更强烈地被衬托出来，也是利用了对比效应。

+>> **在有对比的情况下，就算是同一件商品，顾客也会产生不同的接受方式。**

+>> **对比效应的典型案例，就是用像“松竹梅”这样的方式来提示。**

+>> **在制作服务清单时，需要准备比真正想推荐给顾客的服务更高级的服务。**

网站应用

不要设置一个，而是设置两个选项，防止用户离开网页

在这个例子中，案例 1 的点击率更高。虽然也有单一选择更好的情况，但让顾客产生“虽然不太想咨询，但如果只是资料的话却不妨试试……”的想法，有降低顾客索取资料的心理障碍的效果。

在主要商品之外，还要准备价格更便宜或更贵的商品

运营按月收费的服务，准备多种费用套餐是关键。与限制功能的简易版、容量和账号数量最大的豪华版进行比较，比只提供一个套餐更容易让用户接受和选择。

设计应用三原则

● >> 如果只有一个选项的话，就会变成“YES”或“NO”，但是如果有更多选项，就更容易让人做出选择。

● >> 一定要准备好比想要让顾客选择的商品更高级的选项。

● >> 要明确条件的不同，不要让顾客陷入不知道选哪个好的误区。

31 蔡加尼克效应
不可思议地被未完成的东西所吸引

关键词：蔡加尼克效应

人对于无法完成的任务和事情，有比已完成的任务记得更清楚的倾向。可以认为，这与工作记忆中的信息取舍选择相关。此观点由来自立陶宛的心理学家布卢马·蔡加尼克（Bluma Zeigarnik）于 1927 年在柏林大学攻读博士期间根据实验提出。

完美是精彩的，却不会留在心中？

比起完美的东西，人有时更容易被不完美的东西所吸引。早逝的艺术家拥有超凡魅力、性格有点冒失的人气明星等，不就是蔡加尼克效应的典型吗？著名的建筑圣家族大教堂被很多人关注，主要原因之一也是它至今还未完成吧。

蔡加尼克效应的使用场景在日常生活中也是很常见的。电视上经常出现的“广告之后继续”，电视剧在令人意想不到的地方中断，把悬念留到下一集，也相当于是蔡加尼克效应。在广告中，内容未完、使用“后续见网站”的情况也有所增加。

蔡加尼克的实验

蔡加尼克将参加实验的人员分成两个小组，其中一个小组完成一个工作后再进行下一个工作，而另一个小组中途就被喊停，不断地转移到下一个工作。结果被中断的小组能够回忆起的工作内容是完成的小组的两倍多。

这个实验的灵感源于，蔡加尼克的指导教授观察到，比起已完成结账的座位，咖啡厅的服务员似乎能更好地记着未结账的座位。

做出让用户在意的文案

用户在访问互联网的时候，能够获得比电视和杂志等媒介更多的信息量，要使用户在这么多信息中产生兴趣并点击，富有魅力的文案就显得十分必要。这就可以灵活运用蔡加尼克效应。

当然，链接文本和导航要通俗易懂、直截了当地传达前方的信息。用户不可能被“本公司的注册资金是多少万日元”的公司概要等吸引，想要宣传公司的商品和服务，或是想从社交平台上引流的媒体，就需要能引入用户的文案。如：

（1）年末大甩卖，低至 1 折

（2）一定会脱销，“网红”手机大量现货

文案不写全，就能够有效引导对此抱以期待的用户吧。

+>> **人有被不完美的东西所吸引的倾向。**

+>> **比起完美的信息，人对缺失的信息更感兴趣。**

+>> **这是为了在互联网的大量信息中引起注意而使用的心理效应。**

网站应用

即使在社交平台上分享，也要配上朗朗上口的标题

让标题留有悬念，容易被好奇详情的用户点击

标题需要直截了当地传达内容，而内容营销这类需要在社交平台上扩散的内容，标题不能直接结束了，要能像一盏明灯一样吸引人进一步阅读。

邮件杂志依标题效果倍增

在用户能看到的地方想办法把宣传内容很好地归纳起来

为了吸引用户打开邮件杂志，标题很重要。然而，接收的邮件在应用程序中显示时，如果标题被截断了，遮盖了“划算”的信息就没有意义了。对于重要的宣传，不要忘记在使用者较多的实体机（主流品牌手机——译者注）上进行确认。

设计应用三原则

- >> 设计为不看完所有信息就能引起用户的兴趣。
- >> 根据情况调整信息的公开度。
- >> 电子邮件杂志要注意查看邮件方式的影响。

32 鸡尾酒会效应
想要引起对方的注意

关键词：鸡尾酒会效应

是指在众人谈笑中，精力只集中在和眼前的朋友的谈话，而忽略背景中其他的对话和声音的现象。表示人在使用知觉时，通过注意力进行信息取舍（选择性注意）。这一效应由心理学家科林 · 彻里（Colin Cherry）于 1953 年提出。

即使在人群中也能发现相识的人的不可思议

鸡尾酒会在日本指的是站立式的餐会。在人声鼎沸的闲谈中，听到自己的名字，通过声音判断出有自己认识的人，我想很多人都有过这样的经历吧。这是由人的身体构造决定的，即使有大量的信息溢出，也会注意到与自己有关的信息。

另外，与之类似的还有“色彩浴效应”（Color Bath Effect）。假如今天想剪头发，就在经常去的地方附近的路上找到了美发厅。

色彩浴效应有时被称为“吸引力法则”，例如，如果强烈地想从事有趣的工作，那么机会就会从天而降，可能是无意识中自己的“天线”朝向了那个方向。

色彩浴效应

色彩浴效应的原文“color（颜色）”“bath（沐浴）”，来源于对颜色的认知，不过，这一现象不仅限于颜色。它表达的是意识到一件事情，就会无意识地传递相关信息的现象。

通过主动称呼来缩小目标客户

如果所提供的产品和服务在对方的兴趣范围之外，即使想利用这一效应，也是很难有突破的。不过既然人对与自己相关的信息可能会有反应，那么我们就可以主动称呼。

“早上无精打采的你”“为晚饭菜单而烦恼的太太们！”试着用产品指向范畴的概念称呼目标客户，他们看到文案会感觉一语道破，被强烈地戳中：“那个就是我！”能够预先锁定目标客户进行宣传，会有很好的效果。在登录界面等能够进行称呼的特定位置也可以应用。

呼唤名字的效果

在美国加利福尼亚大学的查尔斯 · 金（Charles King）博士的研究中，互相不称呼名字的情侣有 86% 在调查后 5 个月之内分手。由此可见，呼唤名字不仅仅是让对方倾听，而且对加深彼此的关系也是很有效果的。

+>> **即使在大量的信息中，也能发现自己的名字等与自己相关的信息。**

+>> **鸡尾酒会效应是人选择性注意的代表案例。**

+>> **积极地称呼对方，在营销上也能取得好的效果。**

网站应用

尝试用瞄准目标客户的文案来称呼吧

“给早上起不来的你”
“偏差值（相当于考试成绩——译者注）40的高考考生”
“因为忙碌而不敢感冒的人”

在设计中具体地表达状态和属性，对此感兴趣的人，就能够留意到这些信息。如果是“各位社会人士”这样的含糊其辞，用户漏掉信息的可能性就会增加，但过于缩小范围，可能适得其反，所以需要研究考虑。

如果知道名字，那就直呼其名吧

听到别人叫自己的名字一点也没有反应的人很稀有吧。在需要登录这类有特定用户的状态下，可以用“推荐给某某某的商品”等形式，给人以一对一服务的印象。当然，因为随机显示，造成给男性推荐女士服装的情况，反而会使客户产生不信任感，所以系统也需要设置。

设计应用三原则

- >> 通过称呼想要宣传吸引的人来引起目标客户的注意。
- >> 太过挑选客户，对象客户就会减少，所以平衡也很重要。
- >> 对知道名字的客户称呼名字，是对客户最好的吸引。

33 乐队花车效应
即使有选项，“与大家相同”也会使自己放心

关键词：乐队花车效应

由美国经济学家哈维 · 莱宾斯坦（Harvey Leibenstein）提出，即不管自己的信念和喜好，因为很多人都这么做而跟风选择的心理现象。乐队花车效应经常出现在政治场合和消费者的行为中。证券泡沫等现象也被认为是乐队花车效应。

门前排队和门前空荡荡的店铺，你选哪一个？

出去吃饭，一到街上就选择了排长队的餐厅，即使对面餐厅空荡荡的。人们明明知道进入空荡荡的餐厅能马上就坐，但是很少有人会无视排队的餐厅，而且，很多人会选择从队尾开始排。这是典型的乐队花车效应的案例，认为“人多的选择是正确的”的一种心理现象。在这个案例中，虽然没有比较餐厅的菜单，但是却认为其他人选择的餐厅会比较好吃。

乐队花车效应不仅表现在对店铺的选择，对商品的选择也是一样的。初次去一家餐厅，很多人会问：“这家店里常点的菜是什么？”然后进行选择。这是因为“很多人买的东西就没错”的心理在起作用。并且，这对于尽量避免差异、强烈倾向于认为与大家相同比较好的日本人，会表现得特别显著。

什么是“乐队花车”？

即走在游行队伍前头的乐队花车。由于它是一边演奏音乐一边走在最前面，“搭乘乐队花车”就是顺应时代潮流、骑上快马的意思。

在网站上“排队”的表现方法

在网站上不会像实体店那样，用户不知道现在有多少人在光顾。如果不人为地动动脑筋，就算实际上有几万人同时在访问的网站，对于第一次访问的用户来说，也有可能会认为是“人气不高的网站”。

因此，在网站上，需要很好地灵活运用商品文案和系统设置，表现出受欢迎的效果。如果受欢迎的效果表现得好，即使设计不好的网站也有用户纷纷访问而成为人气网站，这样的情况令人意外地也有很多。

+>> **人有不管自己的信念，而选择大家所选择的事物的倾向。**

+>> **人会根据“只要很受欢迎就没问题”的心理来做决定。**

+>> **表现出“很有人气”是运用乐队花车效应的关键之处。**

网站应用

用数字确切地宣传“人气”

首先，想简单易懂地显示实际成果，可以应用表示实际成果和受欢迎程度的数字。当然，只有积累了实际成绩才能这样做，像通过进行问卷调查得出“80% 的用户表示满意！”这样，有必要去努力做出成果。虚假业绩无疑是不行的，但只要有事实依据，尽可能使用令人印象深刻的数字。

灵活运用排行榜来显示人气

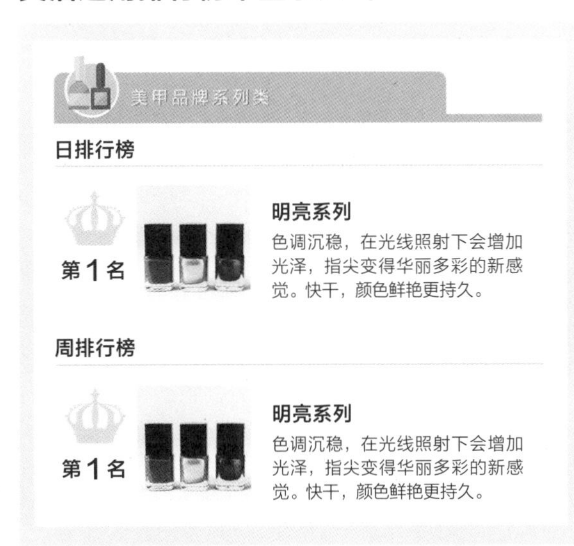

在一些电商网站，能看到“销售排行榜连续 5 周第 1 名”的排行榜商品。这样的排行榜，其实也是传达人气的典型手法之一。

特别是在排行榜的形式上，第 1 名和第 2 名的差距是很大的。由于排在第 1 名的商品更加受欢迎，会使用户有远离第 2 名以下的倾向。不要数字 2，而一定要是数字 1。

如果要使用排行榜的业绩效果，“液体粉底类第 1 名”→“粉底类第 3 名”→“化妆品综合排行榜第 9 名”，像这样细分的类别，也要尽量找到靠前的排行榜来进行宣传。

灵活利用系统，让用户产生“排队感”

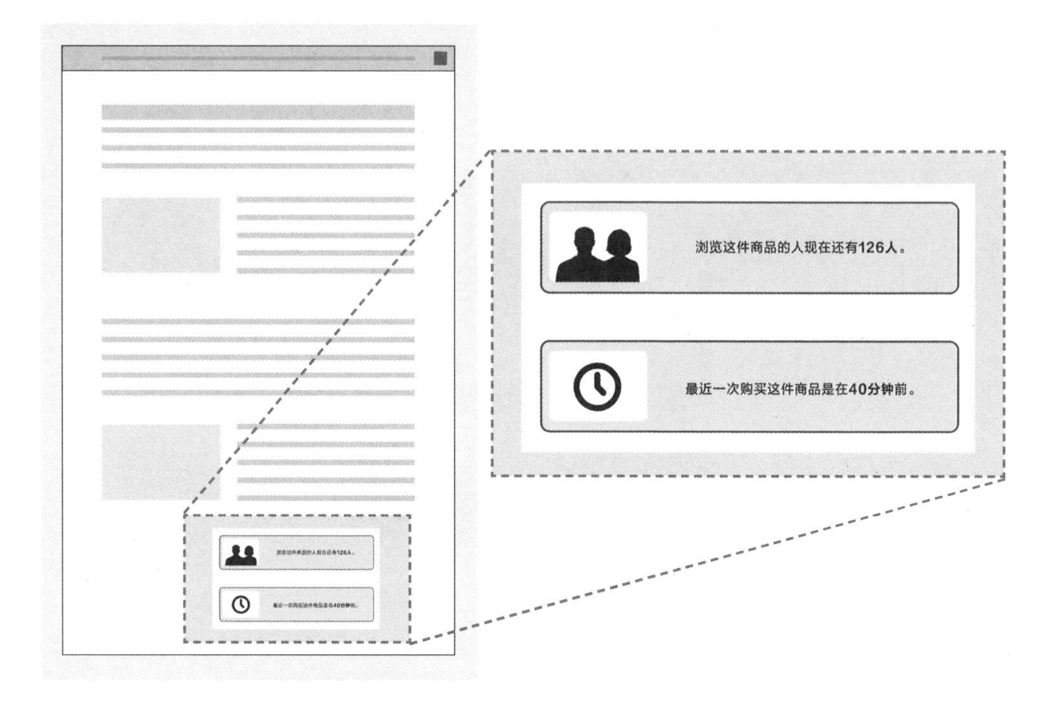

可以利用系统来表现出乐队花车效应。如通过“现在有多少人在浏览这件商品（放入购物车）”“放入收藏夹多少人”“多少人在几点几分购买”等，报告浏览同样商品的其他用户的动向，使用户能感受到仿佛眼前很多人在排队，连续不断购买商品的情形。在这种情况下，用户会产生“不早点买的话可能会卖光”的心理，从而促进购买。

设计应用三原则

- >> **用销售量、排行榜等数字来展示商品的人气吧。**
- >> **尽量从切入点上想办法，使数字变得有魅力。**
- >> **展示有实时性的数字会更加有效果。**

专栏
工作记忆与用户的行为

用户会见异思迁?

为了查询不明白的事情而访问检索网站，不知不觉中就变成网上冲浪了，你也有过这样的体验吗?

在人的行为中记住自己应该做的事的记忆称为工作记忆，要保持它与人的注意力有很大的关系。以开头举的例子来说，如果在检索网站的首页上看到令人吃惊的新闻，或是看到在意的商品广告，用户就会很容易被吸引，忘记了本来的目的。

用户在电商网站看见的商品本来想着要买，但是读着另外的新闻时就忘记买了，在商业上就称为机会损失。在网站设计中应该考虑到来访用户的目的，考虑改变显示的信息，以及想让用户访问的页面。

另外，像“蔡加尼克效应”（详见第 90 页）这样，人对于未完成的任务和事情，有停留在工作记忆里的倾向，所以应该考虑如何让它留在“未完成的事项列表”中。另外，关于消费行为，首先要进入消费者的“激活区”（详见第 132 页）也是很重要的，因此我们也一并考虑。

比起回忆，首先要了解当时的认识

像这样被其他事情吸引，“很快就忘记”的人，要记住以前看过的内容，或回忆起来，虽然有各种机制，但也需要本人有意识地去学习。例如，遇到烦琐的工作步骤，经常是已请人手把手教了，但到自己做的时候却想不起来步骤。如果是工作上必要的内容，经过反复学习，形成长期记忆使之固定就行了，但如果只是偶尔访问的网站操作，就行不通了。

回想以前使用时是怎么操作的，对用户来说负担很大。因此，如果是有意识地运用“功能可见性”（第 22 页）和“激励设计”（第 26 页）的网站，根本不需要用户学习，可以凭下意识的记忆来完成操作。

另外，特别难理解的地方，可增加“补充说明”等并进行跟踪。例如，“免运费”服务，不要认为用户有购买经验就应该知道，而是每次都要注明，这样容易形成用户的记忆，也能够防止用户进行查询时离开页面变成上网冲浪。

34 虚荣效应
限量商品、稀有物品促进购买欲

关键词：虚荣效应

虚荣效应是美国理论经济学家哈维·莱宾斯坦（Harvey Leibenstein）在1950年的论文《消费需求理论中的乐队花车效应、虚荣效应和凡勃伦效应》中提出的一种理论。虚荣效应指的是随着他人消费的增加，自己的消费需求反而减少，不想与他人拥有相同物品的现象。

不想要其他人也有的物品

在前面介绍的乐队花车效应是“人们想要大家都买的物品”的心理，而虚荣效应却相反，是“因为大家都没有，所以想要”的心理。

这两种效应似乎是矛盾的，但从消费者对不同商品的心理诉求不同的角度来看，就能说得通了。例如，食物和日用消耗品等，受欢迎的商品容易让人放心购买。但是，如果是大家都穿的T恤呢？“大家都穿的话，我就不太想穿了。”总之，因为觉得与其他人一样而略显尴尬，就会想要避免。

另一方面，明明并没有特别感兴趣，但被说成“本店限定”“限时供应”等错过机会就买不到的稀有品，客户会不知不觉地想买，这也是虚荣效应的影响。

限量多少合适呢？

如果是受材料等条件限制导致制作数量有限，是没有办法的事情，但如果要人为限制数量，在总数的20%左右比较合适。比如，在只有20个座位的店里，限量100份的食品是感觉不到附加价值的；相反，如果只限量1份，人们会觉得“反正买不到了”而放弃，所以限制在5份左右正好。

虚荣效应和乐队花车效应是共存的吗？

服装品牌会不定期推出限量款，一些商品的限量款有时会在拍卖网站以超过定价的价格出售。即使是大家都有的大众包，如果推出限定色，会有与乐队花车效应叠加的效果，成为很难抢到手的高溢价商品。乍看之下似乎是矛盾的两种效应，有时也会联合产生意想不到的效果。

但如果因为大家都想要而大量生产，商品价值就会下降，所以必须注意供给的平衡。可以增产一定数量，不过，第二批、第三批限定款并不会降低第一批的价值，这样也能创造出新的热门商品。

+>> **与乐队花车效应相反的现象称为虚荣效应。**

+>> **所谓虚荣效应，就是感受到稀有性的价值，想要获得别人没有的物品的倾向。**

+>> **与商品的价格无关，只要拥有的人增多，有些消费者就会对该商品失去兴趣。**

网站应用

为限定商品附加价值

即使是在技术上可以大量生产，也可以通过首发限量、限时购买、区域限定等来赋予商品附加价值。“电商限定色”等，作为网店的限定款，也有促进用户在网站上购买的作用。

如果在限定商品上刻上限定数量的序列号，或者只有满足特定条件的人才能获得签名，会增加商品的附加值。在序列号中像1号、777号以及与该商品有缘的数字，会增加商品的附加价值。像这样灵活运用虚荣效应的市场营销方法有很多。

实时传达限定感

实时显示库存余量，也能表现出稀有程度，能够促进正在犹豫的用户的购买欲望。人气商品一开始发售会引发大量访问，但集中访问导致服务器变慢的情况，可能会引发用户投诉。如果销售真正稀少、价格很贵的商品，为了保证平等对待用户，需要注意告知购买方法及对应的操作设备。

设计应用三原则

- >> 刺激人们想要拥有大家没有的物品的欲望。
- >> 表现出限定感和供给平衡很重要。
- >> 如果顾客购买限定商品后感到吃亏，容易引发索赔，需要做好周全的准备。

35 凡勃伦效应
价格越高就越受欢迎的商品

关键词：凡勃伦效应

美国经济学家、社会学家托斯丹·邦德·凡勃伦（Thorstein Bunde Veblen）在《有闲阶级论：关于制度的经济研究》（*The Theory of The Leisure Class*, 1899年）一书中提到，美国有闲阶级的特点是“炫耀性”消费。凡勃伦效应即指商品的价格高，得到它本身就会使自己感到有价值的状态。

商品并不是越便宜越好

没有人会因为能买到便宜的好东西而不高兴吧。但这不是说所有的商品、服务都会因性价比高而受到欢迎。其实，价格高即彰显了其价值，高端名牌就是简单易懂的例子。

为什么名牌包即使价格昂贵也能卖得出去呢？其实正是因为昂贵才好卖。当然，名牌包是用高级的材料、先进的技术制作而成的，所以品质也很高，但更多的是品牌形象和历史等因素提高了包的价值。而且，由于是花了高昂价格买到手的，这本身就能实现客户的满足感。所以，谁都能买得到的便宜的名牌包是没有意义的。

“凡勃伦效应”的命名

命名凡勃伦效应的并不是凡勃伦本人，而是美国的理论经济学家哈维·莱宾斯坦。凡勃伦效应的概念是在他于1950年发表的论文《消费需求理论中的乐队花车效应、虚荣效应和凡勃伦效应》中提出的。

不是降低价格，而是提高商品价值

虽然对于大多数的商品，企业都会努力追求高品质、高性能且能够轻松购买，但如果飞机头等舱变得便宜、价格适中，而且座椅变得稍微狭窄的话会怎么样呢？不是就失去了头等舱存在的意义了吗？

头等舱的座位数有限，如果没有舒适的空间和周到的服务是没有价值的。也就是说，企业应该努力的不是降低价格，而是提供更加差别化的贴心服务。对这种高品牌附加值的商品、服务来说，提高商品价值本身就是提高用户的满意度。

+>> **顾客有想要买到很难入手的商品的消费心理。**

+>> **这种以“炫耀”为目的的消费现象被称为凡勃伦效应。**

+>> **高级名牌商品和头等舱等体现凡勃伦效应的具体应用场景有很多。**

网站应用

通过状态可视化来提高忠诚用户的满意度

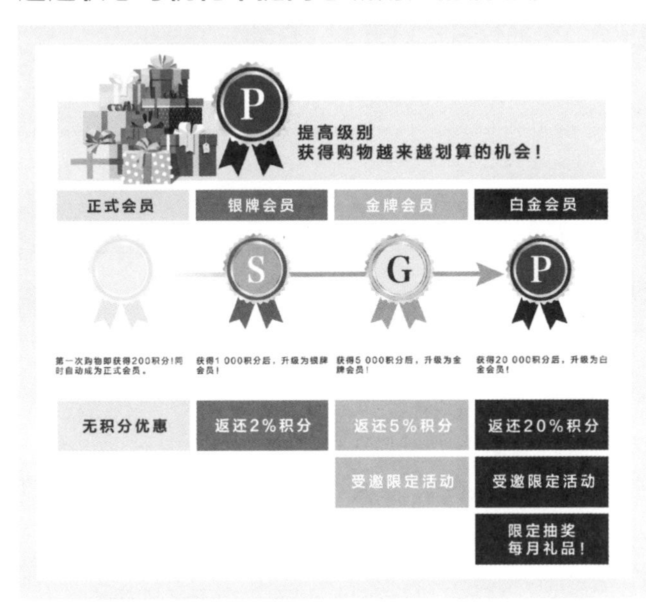

如果用户在特定的商店或品牌上花费了很多钱，可将其消费等级可视化。用户的满足度提高，忠诚度也会随之提高。

设置邀请制和限定级别

信用卡就是很好的案例。通过设置邀请制和提名制等门槛，规定只有限定的人能得到相应的级别。此外还需要驱动用户想要得到的心理，促进用户的活性。

设计应用三原则

- >> **商品价格高昂、购买困难，有时也会有价值。**
- >> **将顾客得到这件商品获得的满足感和其等级状态可视化。**
- >> **通过设置更高级的服务和级别，能创造出商品更大的价值。**

36 巴纳姆效应
用暧昧的表现将自己独立出来

关键词：巴纳姆效应

美国心理学家保罗·米尔（Paul Everett Meehl）根据马戏团主 P. T. 巴纳姆（P. T. Burnham）的话术而命名。指对谁都适用的模糊信息和占卜的话术，会让很多人相信说的就是自己。积极的信息比消极的信息更容易让人认为是自己。

经常猜中的占卜师的秘密

首先，请用“是”或“不是”来回答以下的问题：

- **想被别人喜欢，想被表扬，但是感觉自己一无是处。**
- **我觉得自己还有没发挥出来的才能。**
- **虽然令人意外地容易生气，但很快就能自我开解。**
- **喜欢令人开心的事情。**
- **虽然有自己的意见，但也能听取别人的意见。**

大概每个人都觉得会有三个以上符合自身情况。其实，试着让周围的人去回答，也会得到同样的结果。人对于模糊的预测结果，比如“以前因为失恋而情绪低落，现在已经恢复了”等，和自己的经验相符，觉得说的正是自己，称为巴纳姆效应（或福勒效应）。

P. T. 巴纳姆的话术

19 世纪美国著名的马戏团主 P. T. 巴纳姆的成功法则是“每个人总能有一点符合”（Always a little something for everybody），因此被米尔用来命名这一效应。顺带一提，巴纳姆也是电影《马戏之王》（*The Greatest Showman*，2017 年，美国）的原型。

使用模糊的语言让对方认为说的是自己

灵活运用这一效应抓住用户的心理。例如，“正在一直为还债而烦恼，找放心、安全的某某法律事务所解决！”这种广告语，所谓“一直”不知道是指 1 个月还是 1 年，但用户会进行转换，解释为“这个服务是适合自己的”。同样，给“不满足于现状的你”这种文案，套上自己的不足之处，也会使用户觉得是自己。

广告的目标用户明确，与目标用户情况相符合的交流很重要，但是像这样用模糊的表达方式来表现自己也是有效的。

福勒效应

心理学家 B. R. 福勒以学生为对象进行了性格测试，并给出同样的结果。发现人对于模糊、平凡的性格描述，认为就是在说自己。因此，“福勒效应”成为“巴纳姆效应”的别称。

+>> **占卜、性格判断、烦恼咨询等，结果会写成适用于所有人。**

+>> **接收到模糊的信息，人就会根据自己的情况去进行解释。**

+>> **人们有时会将适用于任何人的信息误解为“只适合自己”。**

网站应用

思考怎样的文案能让顾客认为“这说的就是我”

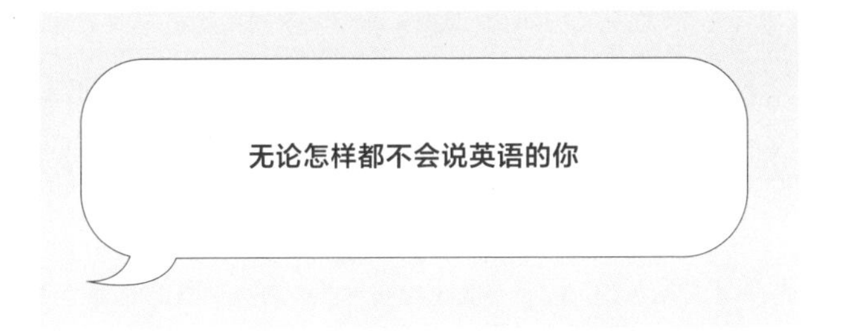

虽然不知道这里的“无论怎样”是自学还是参加英语口语培训，但对于没能像想象中那样学会说英语的人，看到就会觉得“说的就是我”吧。而且不管什么人，都能感觉销售方有很好的方法，这非常有吸引力。

作为对话技巧，灵活运用

对于面对面接待客人，特别是需要咨询的职业，巴纳姆效应是非常有用的技巧。“现在有很多任务吧？”一开口，就会给客人留下“这个人懂我”的印象，容易听到真正的任务。

设计应用三原则

- >> 使用模糊的词语会使人认为是在说自己的事情。
- >> 尝试使用“一直”“差不多”等具有时间宽度的措辞。
- >> 提出一些可能有导向性的问题，引出具体的任务。

37 虚假共识效应
大家认为自己很普通的理由

关键词：虚假共识效应

把自己的想法投射到别人身上的归属偏见。即使没有统计上的确切证据，也会觉得有“虚假共识”（False Consensus）。人倾向于认为别人也和自己想的一样，认为自己的意见、信念、喜好是多数派，与一般大众相同。

吃关东煮是蘸芥末还是味噌？

你吃关东煮的时候会蘸什么呢？如果是问日本关东人，他会觉得这个问题很可笑。有调查证明，关东煮的蘸料有味噌、柚子胡椒、橙醋、生姜酱油等多个种类。根据地域的不同，不管是哪一种，都被认为是标准的、多数派的。

这种把自己的选择认为是多数派的倾向称为虚假共识。即使被周围人觉得奇怪的人，本人也认为自己是普通的、有常识的人，也是这个原因。

20 世纪 70 年代诞生的术语

美国斯坦福大学的社会心理学家李 · 罗斯（Lee Ross）等人于 1977 年首次提出了 " 虚假共识 "。除此之外，罗斯还提出了“媒体偏见”“反射性评价”“素朴实在论”等出现在教科书里的认知偏见现象。

虚假共识效应能在营销上灵活运用吗？

与其说要运用它达到有效的商业诉求，倒不如说需要考虑抵制这个倾向的对策。销售方认为的优质商品，比市场价更划算，但消费者会有“这种服务的行情价格是多少、这个商品功能少”等自己的判断，可能会认为是贵或便宜。这里最有效的营销方式是来自第三方的评价和推荐等客观数据，积极收集这些评价和推荐来灵活运用较好。

另外，虽然有虚假共识效应，但人们对自己的标准并没有绝对的自信，也会对自己的判断是否正确感到不安。从支持这方面的意义上来说，大多数的客观数据都是有效的。

+>> **人有比实际上更深信“自己是大多数”的倾向。**

+>> **当商品和服务受到负面评价时，大家也会这么认为。**

+>> **要颠覆个人的想法，需要突出数字和客观的数据。**

网站应用

用问卷调查数据代替“大家的真实想法”

虚假共识最有效的应用场景是这样：想强调产品优势的时候，用问卷调查数据代替“大家的真实想法”比较好。

想增强效果，“90%的顾客在回购”等具体的数字是很重要的。当然，不能使用没有证据的数字，所以要通过问卷调查、大数据分析等手段，收集各种各样的数据。

灵活运用第三方评价

如果获得了社会承认的大奖和排名，积极地展示这些成绩，会增加说服力。此外还有“只用本公司的商品通过投票等进行排名”或“发布累计销售额”的方法。

设计应用三原则

- >> 人们倾向于认为自己的想法属于多数派。
- >> 为了使文案具有说服力，要利用具体的数字和第三方的评价。
- >> 在投票排行榜和累计销量上下功夫，得出客观的数据。

38 睡眠者效应
那个信息是可靠的吗？

关键词：睡眠者效应

从可靠性低的信息源得到的信息，随着时间的流逝，信息源的可靠性会被忘却，信息被扁平化记忆的现象，称为睡眠者效应。这是由于信息源的可靠性比信息内容更快地被忘却，也称为小睡效应、打瞌睡效应。

为什么毫无根据的谣言会传播开来？

当周刊杂志华丽的独家新闻抛开真相不论，只报道名人 A 和 B 疑似出轨，人们不会把这种报道当真，大多都是姑且听之。但是，随着时间的流逝，人们忘记了从哪里得到的消息，只有“这么说来，名人 A 和 B 出轨了”这样的信息残留在记忆中。接下来就只剩信息被到处传播，不能确认真伪，这样，毫无根据的谣言就传播开来。在社交平台普及、谁都能成为信息发布者的现代社会，信息传播的数量、速度是无法估量的。

随着时间的流逝而变化

同样内容的信息，来自可靠性高的发送者容易得到信赖是理所当然的。但随着时间的流逝，来自可靠性低的发送者的信息也会产生具有说服力的效果，这是睡眠者效应的特征。

如何在营销中灵活运用？

将睡眠者效应应用于市场营销时，有两点需要注意。第一，人在最初接收信息时，信息源的可靠性会影响人对信息的信赖。在解说专家资历可疑、满是错字漏字、就像外行设计的网站得到的信息，是难以产生信赖感的。同时，为了随时对抗传话游戏一般的可疑信息的传播，一手信息在发布时就要采取简单易懂的表达方式。即使是必须熟读才能深入了解的信息，也要附上帮助读者理解内容的文案。

第二，防止负面谣言的扩散，但不要忽视投诉和顾客的应对，要将苗头控制在最小。这时，为了防止虚假信息传播，积极地从源头机构发布、引导正确信息是很重要的。

检查文章是否恰当

登载在网站上的信息是否合适，应该在公开前进行确认。如果是自己做的，就当作是初次见面的读者来浏览。但是写作者自我检查是很难的，如果可以，在公司内部请其他人，以及接近读者的第三方来进行更为客观的检查。

+>> **接收信息时，发送者的可靠性关系到信息的可信度。**

+>> **随着时间的流逝，人们会忘记发送者，可疑的信息也会增加可靠性。**

+>> **网站和社交平台作为有效地发送源头机构正确信息的地方，其可靠性很重要。**

网站应用

被设计品质左右的信息可靠性

这里所说的品质，与时髦和帅气等印象稍微不同。协调的字体、文字大小、留白等基本部分不能偷工减料，要认真地制作。即使 1 个像素的偏差，也会像褶皱的西服一样毁掉整体。

发布信息时，比起“用户认为”，更应该考虑“用户不知道”

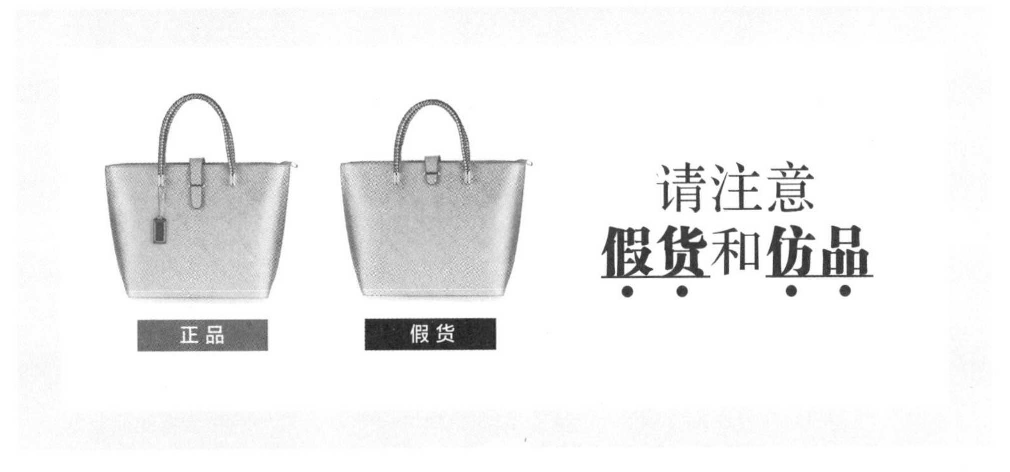

越是仿品越能积极宣传自己是真货。即使是在可疑的公司发布的信息，也会像前面所说那样扩散，因此宣传者不要盲目相信“自己的客户知道”，而是认真地发布信息。

设计应用三原则

- >> 即使是很明显的虚假信息，对于可能会为自身带来风险的信息，也有必要采取对策。
- >> 因为信息源的可靠性会变弱，所以不要依赖发信者，而是要发送内容丰富、真实的信息。
- >> 为了不在设计上失去客户信赖，要关注每个细节。

39 安慰剂效应
不仅贩卖商品，也在贩卖梦想

关键词：安慰剂效应

也叫作假药效应。有些情况下，通过假处方药（不含药用成分的粉粒）也能使吃药的人获得安心感，从而改善症状。对因精神压力等问题导致的症状产生效果的较明显。在避免患者摄取超出剂量的药物时，以及药物的临床试验中，会利用这一效应。

心情对身体的影响

让身体不适的人服用维生素制剂，却告诉他“这是常用的药”，有时病人的症状会有所缓解。吃药的安心感对身体起了作用，但深信不疑的想法对身体也是有作用的。

人对某事物的强烈信任，会给身体带来变化，在认为已达到极限的地方，也可能发出更大的力量。

被用于临床试验的安慰剂

安慰剂效应被用于新药的临床试验。因为只要有吃药的行为，无论所服用药是何种成分，都会对身体有影响。为了判断药物成分本身是否有效，可以随机混入安慰剂（假药）给临床实验者。

通过公共关系（PR）手段最大程度提高用户的期待值

在体验商品和服务时也有这一效应。在很难预约的超人气饭店吃饭，因为期待值过高，即使是与家里一样的自来水，客人都能感受到特别的味道。

在购物的场景中，顾客在购买衣物洗涤剂的时候，没有决定买什么品牌，只根据包装、宣传语来决定。这时，“与某某产品配合使用会使衣物更净白”的商品和“只用一次，衣物就令人惊讶地变净白了！”的商品，你会怎样选择呢？后者会使购买者的期望值更高。

当然，与实际性能不相符的夸大其词的广告是不可取的。不过，让好不容易对自己公司产品感兴趣的用户产生一定的期望值，也是一种服务。

+>> **安慰剂指的是假药，没有药效的药物产生效果叫作安慰剂效应。**

+>> **同样味道的水，有时会因为期待值的提高，而令人觉得更好喝。**

+>> **同样的商品，通过恰当的营销手段，也能像安慰剂一般提高人们的期待值。**

网站应用

能使用户期待最大化的“戏剧性文案”

“从未体验”“戏剧性地”“难以置信”等，使用对用户的期待值最具冲击力的文案来宣传自己的产品吧。

视觉上也可以诉诸“安慰剂效应”

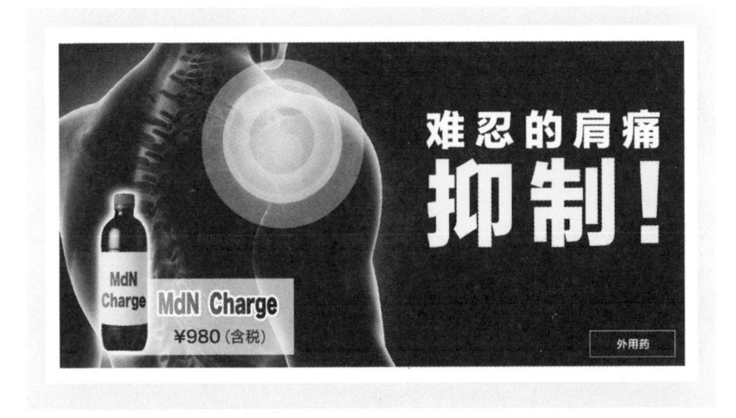

不仅仅是语言，视觉上表现出“非常有效”的样子，也可以传达商品的效果和规格的高度。

设计应用三原则

- >> 注意不要使用与实际不相符的夸张的广告用语。
- >> 把自己的优点最大限度地表现出来。
- >> 给用户带来期待也是服务之一。

40 娃娃脸效应
婴儿的受欢迎程度是全世界共知的

关键词：娃娃脸效应

圆脸、大眼睛等具有婴儿特点的人或角色，多给人以天真无邪的印象，让人感到安心或放松警惕的心理现象。

婴儿的笑脸果然是最棒的

很少有人看到婴儿的笑脸会表现出厌恶感吧。即使在情绪不佳的时候，看到婴儿的笑脸（即便是别人的孩子），心情也会变得平和起来。这被称为“娃娃脸效应”，是人本能的心理变化。即使不是真正的婴儿，圆脸、水汪汪的大眼睛、闪亮的头发、光滑的皮肤等具有相似特征的人和动物、虚构人物等，也能发挥出“娃娃脸效应”。

顺带一提，初生婴儿的笑叫作“生理性微笑”，这是不能靠自己生存的婴儿为了在父母的爱中成长的防卫本能之一，和看着婴儿觉得可爱、想要提供保护的成人本能相关联。

娃娃脸的特征是什么？

提起婴儿的脸，会想到小小的、圆圆的，想到又大又圆的眼睛，塌鼻子，丰满的嘴唇等特征吧。还有，额头稍稍突出，眉毛很稀疏。测量婴儿的脸时，有时会用面部宽高比（fWHR），横向更宽（圆润）的脸可以说是娃娃脸。

灵活运用可爱“脸”给人的印象

想把这一效应灵活运用到广告和品牌宣传中，并不是全部做成婴儿的照片就行了。与婴儿照片一起宣传的美容保健品，会使人不知道是给谁使用的。

娃娃脸效应不仅限于真正的婴儿，只要是像婴儿一样特征的脸就能发挥效果。如果是美容保健品，即使是接近目标客户的年龄，拥有婴儿脸特征的女性好感度更高，并且能给人以年轻的印象，所以很适合。相反，如果想要展现权威，或是商务研讨会，精明强悍的形象更符合要求，所以考虑到目标、商品、服务的形象选择很重要。

生理性微笑

指刚出生到 4 周左右的新生儿，具有看起来像微笑的特征性肌肉反射。实际上，他们并不是因为高兴而笑，而是本能地表现出来的。过了这一时期，婴儿就会意识到大人的表情而主动微笑，变成“社会性微笑”。

+>> **拥有婴儿般的圆脸、大眼睛、大额头等特征的脸，称为娃娃脸。**

+>> **人对娃娃脸会无意识地放松警惕，对其产生好印象。**

+>> **形象代言人和品牌宣传等可以灵活运用娃娃脸效应。**

网站应用

想要解除警惕，提升好感度时的形象选择

这两位都是年轻美丽的女性，如果期待娃娃脸效应，还是左边这位比较合适吧。但是，如果想要给人“酷”的感觉，则右边的照片比较适合。所以，选择与目标客户特征相吻合的才是重点。

通过虚拟人物或动物来灵活运用娃娃脸效应

动物和虚拟人物同样可以产生这种效果。注意，在创作新的虚拟人物时，不要偏离娃娃脸的特点。

设计应用三原则

- >> 使用圆脸、大眼睛、闪亮的头发等与婴儿相似的特征。
- >> 如果要创作新的虚拟人物，考虑娃娃脸效应的特点再绘制。
- >> 选择符合诉求的形象是重点。

41 狄德罗效应
激发想购买全套的心理

关键词：狄德罗效应

法国启蒙思想家德尼·狄德罗（Denis Diderot）得到一件美丽的长袍后，为了与其相匹配，将书房里的家具也换成了高级的。狄德罗效应是人在获得高级物品等新价值时，想要配套而提升所有物品和环境品质的行为心理。

想要配齐的心理是什么？

如果下定决心买了心仪的高档品牌椅子，就会在意与之相称的其他家具，选购地毯、桌子、灯具等时，就会选同类品质的品牌。不管是否真的付诸行动，某种程度上有这样的心情是可以想象的吧。人们都有把自己喜爱的和身边的东西在品牌和品味上统一的愿望，即使只拥有了其中一个，也会因此而欲望倍增，容易变成行动。

狄德罗效应的命名

美国文化人类学家格兰特·麦克拉肯在其1988年出版的著作《文化、消费和符号》中提出：狄德罗效应是“为了追求所有物的协调而不断购买商品”的现象。

把想配齐的心理联系到购买

想配齐的心理不仅限于高级商品，本质在于追求一致性。喜欢海上运动的人倾向于搬到海边、打造夏威夷生活风尚，也是出于同样的心理。

应用到引导顾客购买就是推出“系列产品”。例如，很多品牌都以“某某系列”的款式，用同样的素材和设计推出钱包、钥匙包、名片夹、皮包等。根据狄德罗效应，顾客如果买了钱包，也会想要钥匙包等，想要成套购买，而且并不太考虑现在使用的钥匙包是不是到了需要更换的时候。

如果是网上商店，通过分类、专题等展示同系列或搭配的商品也是有效果的。特别是服装和室内装饰，即使有喜好的风格，也有很多人难以选择商品。通过将搭配完成的样子与所需的商品列表一同展示，使消费者更容易统一和成套购买。

+>> **得到了一个新的物品，就会想让其他物品与其相称，这种消费行为叫作狄德罗效应。**

+>> **适用狄德罗效应的场景，从游戏装备到家具搭配等，范围比较广泛。**

网站应用

游戏化设计，想配齐的系列装备

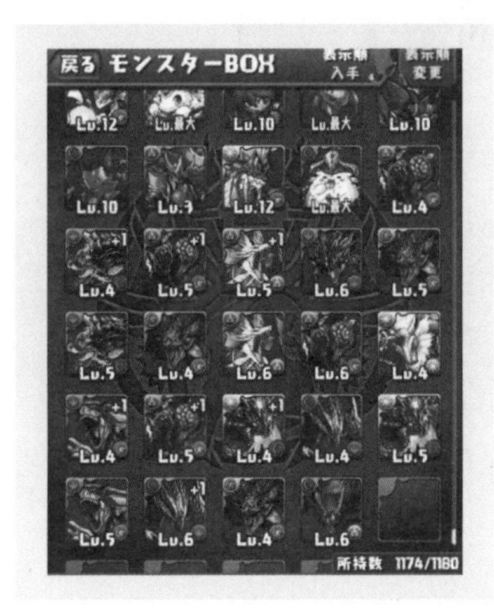

狄德罗效应对游戏的收费装备等很有效，配齐的契机是首先得到第一个，所以在装备里比较稀有的可以免费送给用户。有了喜欢的装备，想集齐的心理开关就会打开。而且，集齐全部能得到奖励也很有吸引力。如果限制集齐装备的时效，稀缺性原理（详见第 124 页）也会发挥作用。

左图的案例是游戏智龙迷城（Puzzle & Dragons）中的宠物箱。

提出一个完整的理想世界观与生活方式

服装和室内装饰这类商品，需要展示的不仅是单品，还有它们的协调搭配，以更具体地传达其魅力。在网页上设置各个商品的链接，增加成套购买的功能，对吸引用户一起购买更有效。

提出商品搭配方案，营造商品使用的形象或场景。

列出相关产品，容易让用户一起购买。

设计应用三原则

- >> 想要配齐的心理的触发点就是得到第一个。
- >> 限定时间和限定数量的系列商品，使狄德罗效应的效果倍增。
- >> 向大家展示商品配齐后能够获得怎样的生活方式吧。

42 隐蔽的强化
没有被表扬却觉得被表扬了

关键词：隐蔽的强化

不是直接给予评价，而是通过对比较对象进行赞扬（或贬低），从而使对方的学习欲望出现差异。此理论由李·西克里斯特（Lee Sechrist）于1963年发表的论文中提出。例如，父母对弟弟说：“哥哥成绩优秀，真了不起呀。”会使弟弟暗地里感到就像是在说自己“你学习不行”一样，令他更加没有动力。

间接地传达真心话

如果听到别人说“同期的A君工作能力真强啊”，虽然不是直接否定，但会不会像被暗地里说“你工作能力不行”一样介意呢？相反，如果听到“A君真是难搞，不好说话”，会让人觉得自己是性格很好、很容易说话的人。

所谓隐蔽的强化，就是通过评价比较对象来间接地指出对方的特点。因为表达的一方也不是直接评价，所以会更容易说真话。

在广告中运用时的注意事项

如果想要赞扬对方，直接告诉对方就可以了，但是在展示自己公司的产品和服务时，自卖自夸是很难传播的，所以这种隐蔽的强化是有效的。有的国家有很多比较夸张的比较类广告，百事可乐和可口可乐、苹果和微软的比较类广告都是著名的案例。

不过，过度贬低竞争对手的广告会使很多人反感，广告搞得过分华丽，说不定反过来会拉低自己公司的口碑。

因此，同样是做比较类的广告，将比较对象设为非特定的多数，例如不特定的A公司、B公司等间接表达，将其设定为用户备选项的比较对象进行比较，使人间接地感受到自己公司的优势比较好。

什么是“强化”？

在行为心理学中，“强化”指的是经过某种类型的刺激，加强（强化）了个体将来的行动。例如，在箱子里的鸽子，积累了碰到钥匙就会有饵料出来的经验之后，会频繁地做出啄钥匙的行为，这时，“让饵料出来”是“强化”（reinforcement），“饵料”是“强化物”（reinforcer）。

挑衅可口可乐的百事可乐广告

将“说‘百事可乐比可口可乐好喝’的人更多”的调查结果直接做成广告，或可口可乐公司的司机喝着百事可乐的场景，这样的比较类广告可以起到很好的宣传作用。

+>> **称赞或贬低比较的对象，人就会间接感受到对自己的评价。**

+>> **这种间接地感受到对自己表扬或贬低的影响，叫作“隐蔽的强化”。**

+>> **通过评价竞争对手和比较对象，也能影响自身评价。**

网站应用

以非特定多数为比较对象

即使不采用与A公司、B公司并列比较数据的方法，仅仅写一句“请注意辨识相似商品”，也能传达“这个商品有很多竞争对手，而且这个是正宗”的信息。另外，还能让人觉得是能让其他公司模仿的人气商品。而且，文案中没有贬低特定的其他公司，这样的广告也不会令人不舒服。

使人想起竞争对手，给予间接的刺激

当然也有“利用暑假提高成绩吧”这样率直的文案，但是看了这份文案的人会想起自己心中的竞争对手，会变得更有动力吧。

设计应用三原则

- >> 通过评价比较对象来提高对自己的评价。
- >> 直接贬低对手是把双刃剑，要注意使用方式。
- >> 通过让消费者想起竞争对手来加深印象吧。

43 沙尔庞捷错觉
比起数字，图像更好？

关键词：沙尔庞捷错觉

这是奥古斯图斯·沙尔庞捷（Augustus Charpentier）于1981年用实验证明的一种错觉，也称为“大小—重量错觉”。人们觉得尺寸大的物品比实际要轻，尺寸小的物品比实际要重。而且，根据材质和颜色的不同感觉也不同，例如人们会认为金属物比木制的更重。

10 kg 铁与 10 kg 棉花，哪个重？

在孩提时代，有的人不由自主地回答“铁”。

沙尔庞捷错觉与此类似。人用眼睛看物品时产生的印象和信念很深刻，即使是同样重量的物品也会感觉比实际重或轻。这种错觉即使在习惯了实际的重量之后，主观上也无法消除。

有一种情况，能举起 99 kg 重量的人，却无法仰卧推举 100 kg。虽然肌肉力量有 100 kg 的潜力，但被三位数的印象所束缚，成为障碍。另外，对能举起 99 kg 的人说：“100 kg 只不过是在自己能举起的重量上加 1 kg 而已。”可以增大他举起 100 kg 的可能性。

搬家用白色纸箱的理由是？

颜色的差异会使人感觉到的重量发生变化。颜色越明亮，越让人觉得轻。如果把白色设为 1，最暗的黑色约为 1.87，令人倍感沉重。考虑到这一点，为了减轻工作负担，很多搬家公司都采用了白色的纸箱。

利用图像来增加数字的力量吧

在无法接触实物的广告中，数字的力量是很强大的。和“很多”比起来，“加入了 350 g 蔬菜的汤”更具体，但那到底是多少，大部分的人还是不明白。如果说“加入了一天所需摄入的蔬菜的汤”，大概会改变印象吧。

另外，在有效使用数字的时候，也要注意单位。和“配合 5 g 维生素”相比，“配合 5 000 mg 维生素”给人的印象是维生素更为丰富。反之，比起 1 000 kg，会感觉 1 t 更多吧。像这样在数字的展示方法上下点功夫，也可以改变文案的宣传力度。

表示大小的数字

除此之外，将“50 hm^2 的占地面积”改为“10 个东京巨蛋的占地面积”这样能让人产生联想的表达，将是更加容易传播的文案。

+>> **人会产生错觉，对同样重量的物品，小则觉得重，大则觉得轻。**

+>> **人根据颜色和材料的不同，也会产生同样的错觉，先入为主的观念会持续。**

+>> **考虑想强调的效果和尺寸等，以及错觉给人带来的影响，找到能获得最优效果的表现方式。**

网站应用

与图像结合提升宣传力

光是文字，也能传达印象，组合高度相关的图像，能使人印象更加深刻。

改变单位确认印象

维生素 5 000mg ＝维生素 5g
5 000MB ＝ 5GB

改变单位会改变印象。并不一定是把数字放大就好，所以最好是结合实际，确认一下会给人带来什么样的印象。

设计应用三原则

● >> 用数字表达的宣传更有说服力。

● >> 试着用几个东京巨蛋等大家能够想象的事物来进行具象化表达吧。

● >> 改变量化单位，人们对数字的印象也会发生改变。

44 光环效应
强大的魅力会迷惑对人的评价

关键词：光环效应

是指评价对象时，被其显著特征所吸引，导致评价被扭曲的心理偏见，1920 年由心理学家 E.L. 桑代克提出。例如，某个领域的专家会被认为对专业外的事情也是有权威的，外表好的人感觉更值得信赖。

“恨屋及乌”

憎恨某个人，连他的穿着都觉得讨厌。这样的强烈印象会使人扭曲对其他事物的评价。

在派对上，看到一个头发蓬松、穿着随便的大叔，会觉得他在这个场合不合时宜。但当得知他是获得多项荣誉奖项的艺术家时，人们就不在乎他的服装和发型了，而甚至会变成对艺术家的积极评价。只要是“留学归国子女”就会被认为语言能力强、优秀，就连任性的性格，也会受到“在国外行得通，自我主张很重要”这样正面的评价。

“Halo”还是“Hello”？

这个“Halo”不是“Hello”，而是“光晕”“光环”的意思。根据英语音译，光环效应有时也被称为哈罗效应。

要注意这一效应会产生积极还是消极的影响

把这一效应应用到营销上是很简单的，常见的例子就是用名人作形象代言人。清爽干净的女演员推荐的服务会给人以同样的印象，顶级运动员推荐的商品会被认为是获得专业认可的高品质商品。但是，这也可能会产生消极影响，如果形象代言人的人气下降，会被认为是只用得起过气明星，如果形象代言人发生了丑闻，就会关系到人们对其代言的商品和服务的印象。如果应对失误，还可能被抵制。

不仅是在广告中，日常生活中也可能发生类似的情况。如果初次见面的营业员穿着皱巴巴的西装，会被认为是工作能力不太好的人；相反，穿合身的西装，戴着高级手表，就会被认为是能干的商务人士。

+>> **由于外观和特征的奇异而导致评价的扭曲，被称为光环效应。**

+>> **名人推荐的人和商品等，被认为是好的，是光环效应在起作用。**

+>> **光环效应会产生积极影响或消极影响。**

网站应用

形象代言人、吉祥物给人的印象，会在很大程度上改变人们对商品的印象

即使不是名人，也会对人们产生很大的影响。使用这个形象的保险和金融商品的广告，绝对不会给人留下好印象吧。但是，“有点邪恶的大叔”这样的形象，根据使用场合的不同，也可能会有积极的影响。

请权威人士推荐

名人的推荐语会对商品形象带来很大的影响。即使不知道作者的名字，只要听到“某某某（名人）赞不绝口”之类的话，就会产生兴趣。带着这种印象，不管内容如何，人们都能很积极地去阅读。

在图书《寿司修行3个月后登上米其林的理由》（2016年，日本白杨社出版）的封面上，并排刊登了推荐者和作者的照片。即使不熟悉作者，许多知道推荐者的人也会留意到这本书吧。

设计应用三原则

- >> 学历和头衔要好好地灵活运用。
- >> 请名人代言，可以利用人们对其个人的印象增加产品印象分。
- >> 光环效应也会产生消极影响，所以使用时要注意。

45 协和效应
人即使受了损失也不想浪费投资

关键词：协和效应

也称为沉没成本（Sunk Cost）效应。尽管知道持续对某一对象进行金钱、精神、时间上的投资会导致损失，但因为舍不得之前的投资而无法及时止损。协和效应的由来是协和式超音速客机的商业性失败。

不想浪费的心情会妨碍冷静的判断

费力弄到了著名球队的现场票，但是比赛当天有暴风雨，外出并不是上策，况且比赛也有实况转播。如果冷静地考虑，在家观战应该会更舒服。

可是，想到“这可是好不容易才弄到的票”，还是出门了。这个时候，人们心里确实产生了“不想浪费门票钱和为了买票付出的劳力”的心情。

让人产生觉得可惜的心理

要把协和效应应用到营销上，关键是将截至目前投入的努力和金额可视化。例如，在“购买 5 000 日元以上免运费”的购物网站上，购买 4 500 日元的商品会令人感到可惜。为了不放弃免运费的福利，会有很多人多买一件商品吧。

另外，让人觉得“可惜”的投资，不仅仅是金钱的价值，还包括时间和劳动力。寄到信箱的进店免费优惠券，本来就是不费力得到的，不使用就扔掉也不会损失什么。但是，第 10 次来店时得到的折扣券花费了顾客 10 次来店的劳动力，好不容易通过自己的努力而获得的东西，不使用会觉得浪费。

赌徒谬误

在抽奖活动中，协和效应是非常容易起作用的，而且也有“赌徒谬误”的心理现象。例如，在中奖率 1/100 的抽奖箱中持续抽 100 次、200 次都没中奖的话，人就会有“差不多该轮到我了”这种合理预测的状态。当然，抽奖是第 2 次中奖也好，第 1 000 次才中奖也好，中奖的概率都是 1/100。

+>> **因为已投入的成本被浪费了“太可惜”，所以追加投入成本的心理，被称为协和效应。**

+>> **协和客机的开发就是不舍过去的投资而继续投资的代表案例。**

+>> **可以利用这种“可惜”的心理进行营销。**

网站应用

用积分卡的积分促进交易的持续和完成

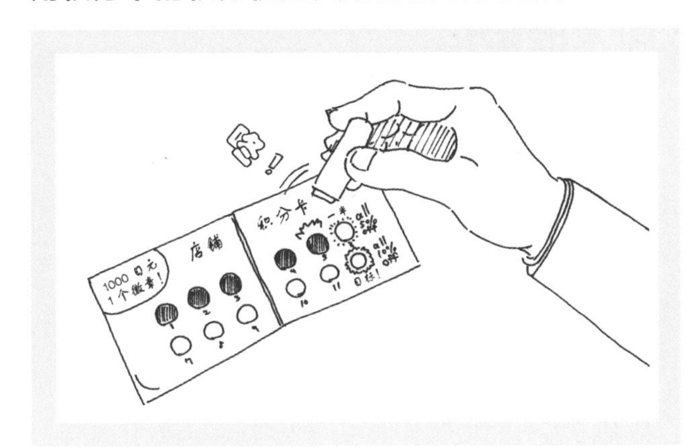

网站利用协和效应的主要方式是积分卡。但很多店铺都在使用积分卡，客户会选择性价比高的店铺。为了吸引顾客，要设置达成的奖励。比起“来店 100 次获 1 万日元的商品券”，还是“来店 10 次获 1 000 日元的商品券”更吸引人吧。

灵活运用会员等级制度，让人觉得“不会损失”

在积分有效期内的服务，期限通知的方法很重要。如果近期积分就会到期清零，很多消费者会觉得不使用太可惜而付出行动。

另外，使用顾客的等级制度，可给予顾客“下个月维持金牌会员的等级，还需要购买多少日元”这样的建议。会员等级是以自己的行动为代价而得到的，顾客容易产生“不想失去”的心理。

设计应用三原则

- >> 金钱、时间、劳动力，这些都是投入后不想被浪费的东西。
- >> 积分规则最好让顾客容易使用，激发客户积累积分的动力。
- >> 顾客不想失去通过自己的投入而得到的东西。

46 情境记忆
用故事加深人的记忆

关键词：情境记忆

情境记忆是陈述性记忆的一种，是与记忆中的语境（时间和场所）、当时的情感紧密联系的记忆。情境记忆与另一种陈述性记忆——语义记忆（有关事实和概念的记忆）相关联。

情境记忆与语义记忆

一般认为，如果背诵无意义的字符串，在 20 分钟后就会忘记 42%。另外，即使像“猪肉富含维生素 B”这样有意义的内容，过了一段时间就会有“是牛肉吗？”“维生素什么来着？”这样的疑问。像这样，把事物作为概念来记忆叫作语义记忆。一次无法记住的事情，经过反复记忆会加深印象，但也会一时想不起来。

另一方面，情境记忆就是通过体验来记住事物。例如“上个月去问诊断结果，医生说：‘你缺少维生素 B。多吃些猪肉吧。’”与前面的例子相比，这样对“猪肉含维生素 B”的记忆更深刻吧。在情境记忆中，以“谁在何时何地说过什么”为线索进行记忆。另外，“为我看病的医生是个好人”“在医院闻到了消毒液的味道”等，五感和情感都被一并关联记忆，这些也会成为线索，记忆就容易被抽取出来。

对“让顾客记住商品”是很有效果的

利用情境记忆的广告有很多。例如，某公司配合结婚的情景，打出“如果被求婚，快来看 Zexy（日本婚恋杂志——译者注）”的广告。这是使用了结婚的情境记忆，使人记住“Zexy”。如果让人把杂志和求婚、结婚的生活事件联系记忆，在被恋人求婚、家人要结婚的情况下，回想起来的可能性就会增加。

保存记忆的三个阶段

在记忆中，有 0.25 ~ 1 秒的极短保持时间的“感觉记忆”（视觉信息和声音等），15 ~ 30 秒的“短时记忆”（复述电话号码等），以及长期存储的“长期记忆”。情境记忆和语义记忆被认为是“长期记忆”阶段，基本是永久保存的状态。另外，“长期记忆”也有骑自行车这类技能性的“动作记忆”。与事件和概念相关的情境记忆和语义记忆被归为“陈述性记忆”。

+>> **与记忆中的语境紧密关联的记忆叫作情境记忆。**

+>> **与特定的时间和场所无关的一般信息的记忆被称为语义记忆。**

+>> **情境记忆和语义记忆是相互关联的。**

网站应用

把大家都体验过的活动联系起来，唤起“情境记忆”

与“夏日祭，穿浴衣吃冰激凌”等场景联系起来宣传，可以给人“一到夏天就想起来，就想喝”的印象。但这样的设计也会变得与其他季节无缘，应该慎重。

效果或功效通过“状态的表达”与记忆相关联

“治疗肩膀酸痛的商品”是语义记忆，有了症状后才会去寻找。“伏案工作时感到头沉沉的，就使用某某”，用很多人常见的场景，配合场景记忆会很有效果。

设计应用三原则

- >> 记忆的方法有语义记忆和情境记忆两种。
- >> 情境记忆容易被记住，也更容易被想起。
- >> 重点考虑关联的情景和商品、服务的契合性。

47 稀缺性原理
用三个限定抓住人心

关键词：稀缺性原理

在社会心理学领域，稀缺性原理指即使内容相同，当供不应求，或获得的方法有限时，就会高估其价值；当供过于求，就会低估其价值的心理偏见。

被“某某限定”吸引的心理

在各种场景中都会看到“某某限量销售”的宣传语，即使没有特别感兴趣的东西，看到“只能在这里买到哦”“只能现在购买哦”，不知不觉就买下来了。这里有获得高稀缺性商品的优越感，不想因没买而后悔等各种心理在起作用。虽然有个体差异，但被限制的情况多多少少都会增强人们对商品和服务的欲望。

沃切尔的饼干试验

心理学家斯蒂芬·沃切尔（Stephen Worchel）使用只剩很少的饼干筒和装着较多的饼干筒，询问人们对饼干的评价，尽管是同样的饼干，只剩很少的饼干筒获得的评价更高。

不买不行的三个限定

限定大致可以分为“数量”“期限”和“权利”三个方面。“数量”“期限”很好理解，而“权利”指通过限制会员等来限定能购买的人群，区域限定是可以购买的区域有限，从这个意义上来说，也是权利限定。如何表现“只有这些，只有现在，只有你”成为有效运用限定的重点。

要注意市场的炒作

稀缺性不一定是好事，也有在没人关注时，因被名人和电视等介绍而出现接连不断售罄的情况，对于卖方，是高兴地叫苦。不过，过分炒作、在拍卖网站等以超高价交易，可能会流失过去的老用户。等热潮一退，老用户已经流失了，因错过时机造成库存积压这样的事情也经常发生。企业要注意不要被一时的需求所迷惑。

在传达限定条件上下功夫

如果没有充分被说服就不得不做决定，人就有选择“不”的倾向，因此如何将限定条件传达得让人容易理解是很关键的。比如，是怎样的限定、到什么时候的期限等，在此基础上，交给对方判断比较好。

+>> **即使不是特别想要的东西，一旦稀缺性增加，人就会产生想要得到的心理。**

+>> **知道是限定品、库存少，人的购买热情会变得高涨。**

+>> **稀缺性的种类有“数量”“期限”“权利”，也就是“只有这些，只有现在，只有你”。**

网站应用

限时销售、随时改变的网店的“期限”感

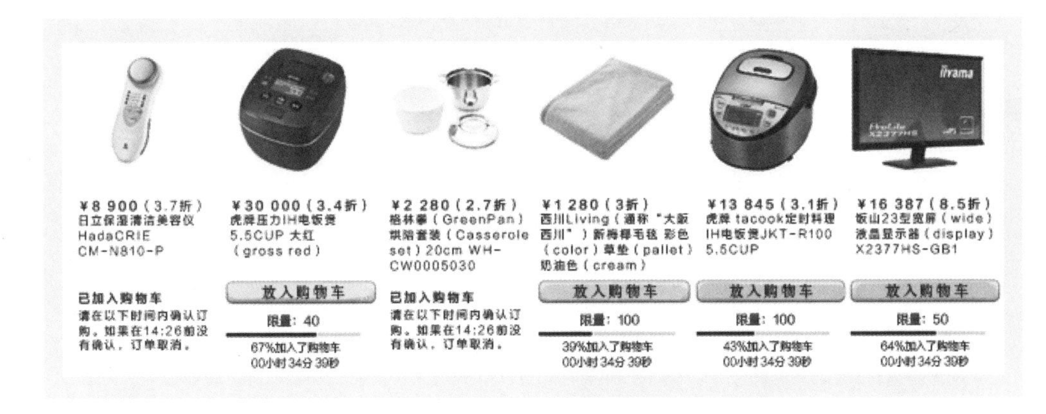

时间有限，加上担心可能会卖光的心理，顾客的购买欲望会变得很强。因为在网站上不像在实体店那样能用背景音乐和声音等来促进购买，通过实时显示剩余时间和库存数量也可以呈现卖场的紧迫效果。

正因为“难以放弃通过自己的行动获得的权利”，才更引人注目的“限定权利”

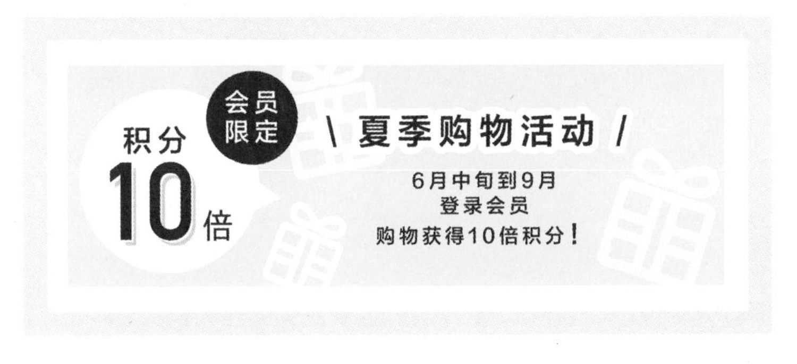

顾客对积分卡等靠自己行动得到的权利是很难放弃的。让用户完成某项任务的过程，能提高继续购买的积极性，在得到权利的时候，利用率也会提高。

设计应用三原则

- >> “限定”能刺激人的购买欲望。
- >> 限定数量、期限、权利，通过组合技巧能使效果更上一层楼。
- >> 权利不能降价卖，提高门槛也很重要。

48 峰终定律
人的印象是由两点决定的

关键词：峰终定律

峰终定律是行为经济学家丹尼尔·卡内曼（Daniel Kahneman）在 1999 年发表的，指将过去的经验以高峰状态时如何、结束时如何来判断。虽然高峰状态以外的信息不会丢失，但不会用于比较。

在体验中被重视的，只是全部过程中的两个点

以下是表现一系列体验的心情随着时间流逝变化的图表。给人留下好印象的时间总数较长，面积也很大，但是高峰状态和结束状态是不愉快的体验，这种经验会导致负面评价。

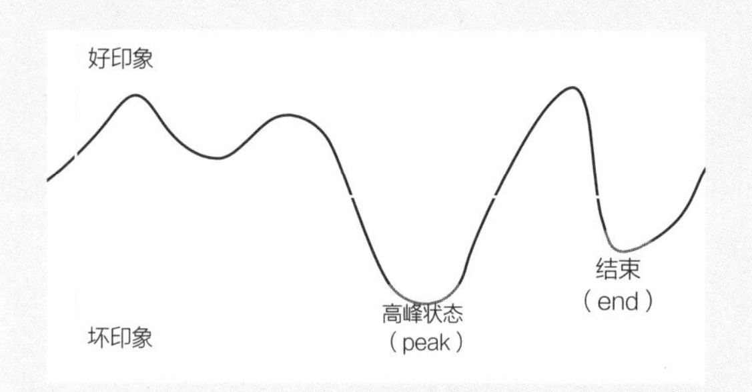

高峰何时到来？

体验的结束状态很容易理解，不过，高峰状态会出现在哪里呢？从结论来看，高峰状态因人而异。例如，在网上买东西的时候，有人会觉得把商品放入购物车的瞬间是高峰状态，但如果之后的结算系统不方便的话，就会出现负面作用。并且，客户评价“非常难用的网站”的意愿会更强烈。

手放入冷水的实验

提出峰终定律的卡内曼等人做的实验之一如下：受试者的手需在 14 ℃的冷水中浸泡 60 秒。第一次浸泡 60 秒就结束了；第二次在 60 秒之后，追加 30 秒让受试者的手接触水温只提高 1 ℃的水。结果是，在提出“请再次尝试一下”这个要求时，尽管痛苦的时间延长了 30 秒，但希望参与第二个实验的人更多。由此可见，即使经历了同样的高峰状态，最终的结束体验使很多人的评价发生改变，并给予好的评价。

结束和近因效应

关于用户结束浏览网站的策略，请参考“近因效应”（详见第 80 页）。

+>> **在一次体验中，印象最深的地方叫作高峰状态。**

+>> **体验最后发生的事情叫作结束。**

+>> **人往往会根据对高峰状态的印象和对结束时印象的好坏来判定整体的体验。**

网站应用

关注退出网站的关键点和比例，找出消极的“高峰”

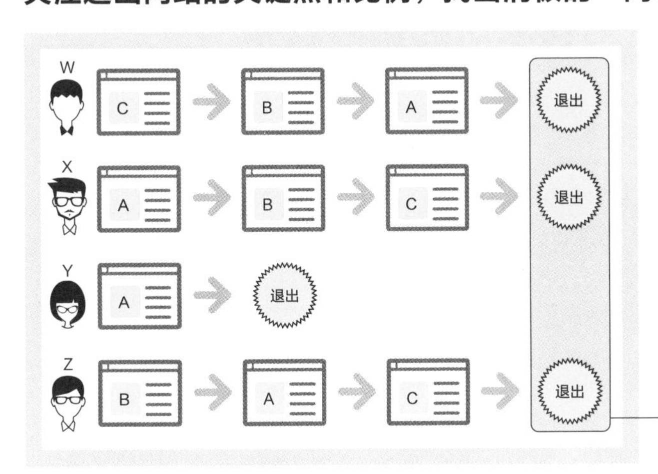

分析访问用户的行为，找到没达成转化前，很多人选择退出的网页，可能那里就是用户的消极高峰状态。其次要关注的是用户关心的重要信息不足、无法找到下面的行动导示、用户可用性差等问题，要注意重新评估是否有使用户感到压力的地方。

在很多意想不到的退出点可能会有消极体验的高峰

在结束处留有“余韵”来提高好感度

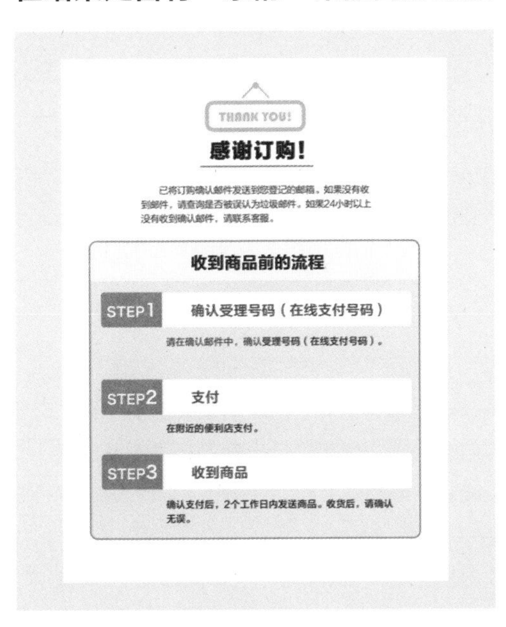

如果电话客服中心待客户咨询一结束就马上挂断电话，是不是给人留下了消极的印象？淡漠地结束体验会令人心情落寞。用户在网上商店购买完毕后，网页就后面的流程进行说明，宣传经常一起购买的商品等，在不强制购物的范围内表达对用户的不舍，会给用户留下好印象。

设计应用三原则

- >> **用户会以高峰和结束时的印象对整个体验进行评价。注意，这与综合得分无关。**
- >> **网站的可用性差，会给用户造成压力，给人不好的印象，要注意。**
- >> **结束不能太敷衍，恋恋不舍才正好。**

49 启动效应
从无意识到有意识的信息发布

关键词：启动效应

之前已经观察过的文字、单词、图形等刺激（primer，引子），与第一次出现的刺激相比，能促进认知处理的现象称为启动效应。例如，在不告知被试者的情况下，将事先若无其事地展示过的单词卡和没展示的单词卡混在一起，被试者对看到过的单词卡的认知会更深刻。

无意识影响的先行信息

很多人都知道“说 10 次披萨”的游戏吧。在有人对你说了 10 次“披萨”之后，指着胳膊肘问：“这是什么？”你会不假思索地回答“膝盖。”（日语披萨的发音为 pisa，胳膊肘的发音为 hiji，膝盖的发音为 hiza——译者注）

这正是利用了启动效应。虽然披萨与身体部位没有任何关联，但会无意识地产生影响，一边看着胳膊肘一边说出膝盖来。

不仅仅是对话，有实验证明，在闻到洗涤剂的香味后吃饭的人，自发收拾餐具和桌子的会更多。

什么是“启动”（prime）？
在这里的含义是英语的动词，表示“事先准备”“给木料和布料等上底漆”“往枪和大炮中装填弹药”等。与“黄金时间”（prime time）里“最好”的意思不同。

与用户无意识地对话

应用到网站，首先可以举出内容营销的案例。例如，宣传有关减肥的商品，出现“将进入夏天前想做的事情排序，第一位，锻炼身体；第二位，……”，虽然主题是“进入夏天前想做的事情”，但看到“锻炼身体”的信息，用户留意之后出现的相关商品的可能性较高。像这样，即使不是直接地展示商品名称，而是给予相关关键词和引发联想的信息作为先行信息，就可以婉转地引出想传达的信息。

社交平台、调查问卷等也是用户不经意间看到的商家有意识进行引导的信息，可以婉转地引导出产品的内容。另外，设计或照片也可以将想让人认识的事情与给人的印象交织在一起。

+>> **先行刺激对后面的处理产生影响，叫作启动效应。**

+>> **无意识地给人带来影响的启动效应，在营销中可以得到广泛的应用。**

+>> **使用报道内容等积极发布“想让人关注的事情”是一种方法。**

网站应用

用电子杂志社交平台持续性地发送，“对用户的无意识诉说”

消费者对自己订阅和关注的邮件杂志或社交平台有着较高的关注度。通过持续性地发送先行信息，可以使用户产生消费意识。例如，与健康有关的商品可以连载“健康专栏”。

通过问卷调查，让网站提案“无意识地让用户产生意识”

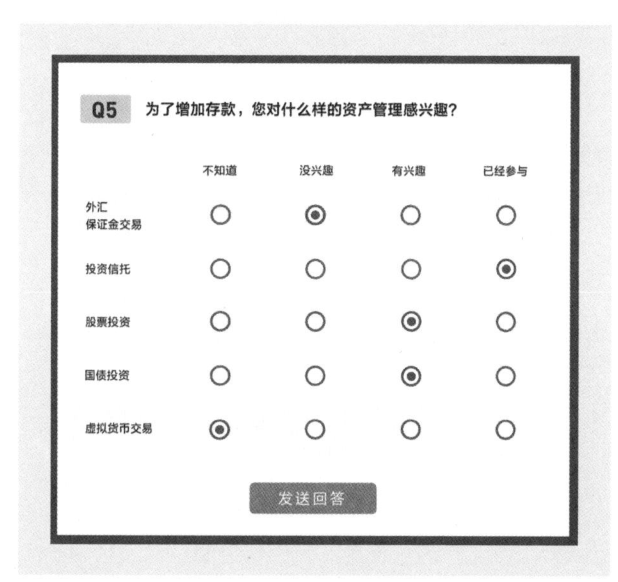

Q5 为了增加存款，您对什么样的资产管理感兴趣？

	不知道	没兴趣	有兴趣	已经参与
外汇 保证金交易	○	◉	○	○
投资信托	○	○	○	◉
股票投资	○	○	◉	○
国债投资	○	○	◉	○
虚拟货币交易	◉	○	○	○

发送回答

在会员登录或购买时，利用社交平台的功能设置的问卷调查也能得到有效利用。如果想要宣传保险、资产管理等商品，可以通过“是否对老年生活感到不安”这样的问题，让人意识到有关的人生规划等。

设计应用三原则

- ●>> **即使没有语境，获取的信息也会对以后产生影响。**
- ●>> **不仅限于语言，也可以尝试用设计和视觉表达。**
- ●>> **如果能在社交平台等持续与消费者进行接触，宣传可以起到很重要的作用。**

50 反弹效应
人都是笨蛋？

关键词：反弹效应

反弹效应在这里是指受到对方劝导或强制时，想采取相反的行动、态度等抵抗心理。

人讨厌被剥夺自由

大家都有过被父母和老师叨念“好好学习”反而失去动力的体验。这不是想反抗父母和老师，而是因为要被剥夺“做自己喜欢事情的行动自由”而引起的反抗心理。

如果真的想让这样的人学习的话，可以试着没收学习工具，说“不学习的话就不用学了”。即使不打算学习，但“学习”这个选项一旦被剥夺，也会变成“不是不学习”了吧。

推不动的话就拉一拉

这在销售交流中是非常重要的技巧。如果被销售人员追着说“太划算了，买这个吧”，客户就会觉得自己可以选择如何使用的金钱和时间被限制了，会产生反感。

但是，“您可以买这个商品，很划算。如果觉得不合适，可以带您去看其他的，没关系”这样介绍，因为可以放弃购买该商品的权利，客户很有可能会积极地去思考。

前一个例子与商品的好坏无关，而是客户对被强加的感觉产生逆反心理，因此一味地强调商品的好处可能会产生相反效果。要点是，在做好深入探讨的准备之后，再进入商谈。

不会持续的反弹效应

随着时间流逝，反弹效应会慢慢变得薄弱，无论是向增加行动的方向还是向拒绝行动的方向说服，最终都会回到与没有说服的原始状态大体相同的状态。也就是说，效果不会持续。

这与睡眠者效应（详见第106页）仅留下说服的效果有所不同。

+>> **采取与被劝导的内容相反的行动和态度的现象，叫作反弹效应。**

+>> **人一旦感到自己的行动自由被剥夺，就会出现反抗的态度。**

+>> **在与顾客沟通时，注意不要过于强化限制顾客行动的建议。**

网站应用

在促销中提出“优惠的条件和期限”，然后将决定权交给对方

如果是在网店，进行限时销售比较有效。得知到时限后会失去购买该商品的机会，用户在此之前就要积极地做出决定。

对讨厌“随大流”的人行之有效的秘密促销

一想到宣传活动，总想以“很划算”“请现在就购买”作为文案，这些固然很重要，但“秘密促销邀请你参加，如果有兴趣的话请确认一下”，加上蔡加尼克效应（第 90 页），这样的文案被关注的可能性会提高。

设计应用三原则

- >> 人一旦被剥夺自由和选择权就会反抗。
- >> 不被认为是强买强卖的交流很重要。
- >> 不要强求“Yes”，而是提供用户可以选择的报价。

51 激活区
首先请让我能想起来

关键词：激活区

“激活区”是与消费者心理有关的经济用语。当用户想要做出某个消费行动时，脑海中会浮现出品牌和店名的集合。例如买洗衣粉是某某品牌、去吃烤肉是某某烧烤店，促销方有必要把它们列出来。

准备回忆的激活器

想卖出商品，便在街上和杂志上都投放了大量广告，想让顾客记住品牌名称。可是，让顾客知道公司名和品牌名的关键是品牌构筑，如果想直接体现在销售额上，只让顾客记住商品名和店名是没有意义的。认知度的提高与进入激活区有一点不同。

“卖书的某某”“和你在便利店，某某”

成功的广告文案，会让很多人立刻联想到公司名称。而且，即使对公司陌生的人也能迅速对公司作出准确的判断。为了进入激活区，还需要让顾客记住是怎样的商品和服务。

进入激活区并不是目标

提起汽车品牌，也许会想起法拉利和兰博基尼，但是如果要考虑购买，就不一定了。想购买的人应该会在预算的价格区间内考虑汽车品牌吧。

像这样，在激活区中会考虑购买和签约的叫作惰性区。汽车品牌即使连中学生都知道，但距离他们购买时的时间还很长，根据目标，也属于激活区。在宣传中，不仅让人记住而且能升级至惰性区，也是重要的目标。

记忆的三个阶段

在记忆的过程中，有记录阶段的“铭记”，被记录的东西保存在人脑中的“保持”，还有想起的“回忆”这三个阶段。“保持”的记忆，经过一定时间后出现的阶段就是“回忆”。或者，因为要从保持的记忆中找出信息，有时也把“回忆”称为“检索”。应该“保持”的记忆却无法回忆起来，这就是忘却。

+>> **消费者有购买欲望的时候，想到的购买候选清单称为激活区。**

+>> **没有进入激活区的商品，被购买的概率会大幅降低。**

+>> **记住商品和服务的名称，进入激活区后，以进入惰性区为目标。**

网站应用

通过将需求细化，将目标列入“名单”

纳入激活区的名单很多，但进入惰性区却不容易。例如，想吃寿司的时候，同样的一句“想吃寿司”，有人不考虑金钱而只想吃好吃的东西，也有人想以合理的价格和家人一起享用。如“全家一起吃寿司就去某某店”为口号的寿司店，具体来说，需要做到提供丰富的甜点、价格合理、儿童空间完备等，列举出应该有的内容。

利用搜索引擎优化（SEO），用多个关键字，以搜索结果靠前作为目标

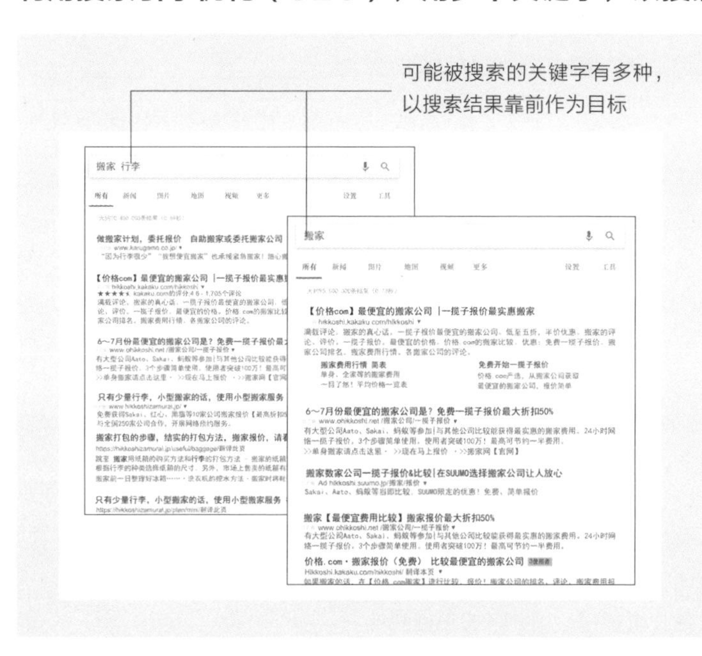

用户通过搜索将商品加入候选的情况有很多。例如，二手商店的用户会用“搬家物品处理”作为检索关键字。而且，跳过激活区，直接进入惰性区的可能性也很高。

设计应用三原则

- >> 让人们想起“谁擅长做什么”吧。
- >> 目标客群也很重要，瞄准会去考虑购买的人。
- >> 搜索引擎优化是有效的，输入能回应需求的检索词吧。

52 观念的联结
没有关联性的信息也能联结

关键词：观念的联结

观念的联结也叫作“联想”，是概念、事件、精神状态等的联系，根据经验等形成的心理学的思考方式。在哲学范畴，知识是以经验为根源的观念的联结（柏拉图和亚里士多德的思考方式），由英国哲学家约翰·洛克继承发展而来。观念的联结在各种心理学流派中被广泛研究。

车与美女之间剪不断的关系

提到车展，不可或缺的是车模。如果是作关于汽车的说明，制造商和开发者知道得更详细，为何要车模呢？不过，车模在这里有很大的作用。像拥有它就能俘获芳心一样地展示汽车，会让人自然而然地觉得车的设计和性能很棒。实际上，调查结果显示，有车模的车，魅力和性能会得到更高的评价。

怎么灵活运用到实际中？

“观念的联结”自古以来就被广泛使用。在广告中出现的模特和演员是其中之一，他们与商品没有任何关系，但是受欢迎的形象对提高商品的好感度是很有帮助的。像这样利用形象代言人是比较传统的方法，但是，近年来随着口碑影响力的增强，如果形象代言人有负面评价和丑闻，消极的联想也会马上扩大，需要注意这一点。

同时，如果是在网络上，网站的设计和可用性是用户获得商品信息的同时可体验到的，非常重要。网站的形象与顾客要求的商品形象不相符，制作老气，很难使用，其展示的商品的魅力也被破坏了。而且，界面难用、看不懂，会使用户产生压力感和敌意，可能也会由此迁怒于运营的店铺和公司。

消极的联想是没有道理的，难得的积极因素，也应该注意不要被联想拖后腿。

能促成洽谈的午餐

有这样一项研究，心理学家格雷戈里·拉茨兰（Gregory Razran）在进餐的同时与对方进行交涉，谈话就会积极推进。据说，在气氛很好、味道也好的餐馆一边吃饭（重点在于既不是饭前，也不是饭后）一边劝说对方，更容易说服对方。这也是由于观念的联结的原理。这是一种被称为“午宴术”（luncheon technique）的谈判技术，为了获得对方的信赖，尝试灵活运用一下吧。

+>> **根据相关事物的经验，由一方让人联想到另一方。**

+>> **乍一看没有什么关系的事物，根据经验在人的记忆中会产生很多关联。**

+>> **将想让用户有积极记忆的事物，与积极的事物联系起来，并产生联想。**

网站应用

联合好感度高的名人的形象

金融、保险等领域的公司如果想在跨度广的服务时限中给人留下有信用的印象，可以起用形象清秀的女演员。但是，因为起用名人有费用方面的负担和丑闻风险，在给人留下印象这一点上，很多案例会使用素材照片。

构筑符合形象的品牌世界观

如果只是卖东西，购物网站上有足够多的通用模板，但那就如同自动售货机一样平平无奇了。实体店铺会通过内部装饰、背景音乐、店员的形象及制服、香气等来发挥商品的魅力，在网站上也要注重构筑商品、品牌的世界观让顾客去体验。

设计应用三原则

- >> 起用名人可以让客户将商品与名人的形象联结起来。
- >> 网站可用性差会转化为用户对品牌的不满，要重视这一点。
- >> 不仅要达到目的，让客户在购物过程中感受品牌世界观也很重要。

53 诱饵效应
由于新选项的出现而改变消费者的选择

关键词：诱饵效应

诱饵效应是在消费者的决策中，商品的选项为不相上下的两个时，追加一个商品选项（诱饵），使消费者更容易选择其中一个。根据可供选择的内容，产生有魅力、相似、妥协这三种效果。

受周边信息影响的人的心理

人们都想尽可能客观地选择符合自己要求的商品，但无论如何也会受到比较对象和周边信息的影响。这就是诱饵效应的意义所在。正如其名，设置令人心动的价格和不同服务的商品，会使顾客对目标商品产生或好或坏的印象。

例如，以不同的方式销售图书，请看以下案例：

魅力、相似、妥协的效果是什么？

由于有诱饵，使想要卖的目标商品变得容易被顾客选中的状态称为诱饵效应。但如果诱饵在很多方面都比目标商品差一些，则反而使目标商品难以获选（相似效应）。另外，如果将诱饵的优劣设定在其他两个选项中间的位置，则诱饵最容易被选择（妥协效应）。还可以参考“对比效应”（P88）。

案例 1

A：电子版 500 日元
B：精装全彩纸质版 1 200 日元
C：精装全彩纸质版附赠电子版 1 300 日元

案例 2

A：电子版 500 日元
B：精装全彩纸质版 1 200 日元

在案例 1 中，选项 C 看起来最有魅力。虽然是单价最高的商品，但如果 500 日元的电子版加 100 日元就可以买到，比起 B，人们选择 C 的概率更高。

也就是说，以 A、B 商品为诱饵，加强了消费者对 C 商品的印象。

诱饵效应是有效的，但是要注意的是，如果实际上没有诱饵商品，或是库存极少，可能被视为虚假广告。

+>> **在商品选项中加入新的恰当的选项，会影响消费者的选择。**

+>> **影响商品选择的这种选项被称为“诱饵”。**

+>> **通过巧妙地使用诱饵，可以引导顾客选择希望获选的商品。**

网站应用

特意准备“全部配置”的最高级款式

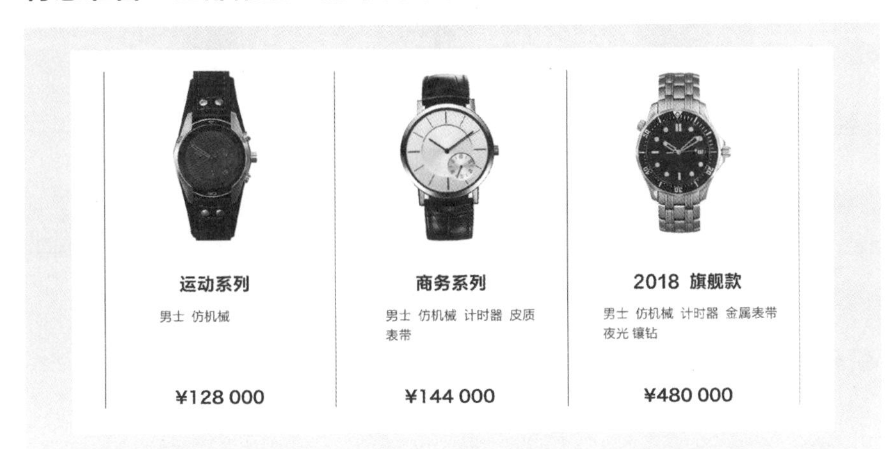

“最高级款式”的购买率很低，作为“旗舰款”发布的情况也很多。这样的商品是不会低价出售的，而是通过展示魅力，起到提升低一等级款式销量的作用。另外，中途打折会产生负面效果，想要促销的话，给它增加“幸运价”比较好。

热门商品的有效利用

“幸运价”商品只要有明确写明数量限制的告知就没有问题。在这种情况下，没买到目标商品的用户可以考虑买其他商品，买到的人也可以用省下的钱买其他商品，这样的效果是值得期待的。

设计应用三原则

- >> 推出不考虑利润、只考虑广告效果的重点商品很有效。
- >> 虚假地比较商品违反相关法规，是绝对不可以的。
- >> 准备比较对象来衬托想卖的商品。

54 宽大效应
与其改善消极面，不如突出积极面吧

关键词：宽大效应

人在评价事物的时候容易产生的心理偏见。在评价中，有对自己有益的特征，就会过高地评价；而对自己不利的特征，就容易过低评价的倾向。而对整体进行严格的评价是严格化的倾向。

人们评价他人时的难度

宽大效应经常在人事评估等评价人的时候出现。在人际关系方面，与其寻找对方的缺点，不如寻找对方的优点来进行交往。另外，“如果只指出不好的地方，就会被看到评定结果的部下讨厌”，这样的顾虑也会无意识地起作用，不知不觉对部下的评价就变得宽容起来。

宽大效应的问题在于，不管原本的好坏而判断为“整体是好的”。不进行应该做的改善和修正，会延续组织和个人的烦恼。

与光环效应的不同

光环效应也会因为部分特征而改变评价，但是受到学历、家世、职业等社会价值高低的影响。而宽大效应是出于自己的接受度，更容易表现出个人的喜好。

比起克服缺点，要抓住和发扬优点

如果将宽大效应用于网站，以帮助改善消费者对网站的印象，就是不要只拘泥于修正缺点，而要下功夫提高自己网站的优点。

对此，先要具备能被夸奖的优点。例如，维基百科虽然不具有特别精细的用户可用性，但压倒性的信息量在某种程度上弥补了缺点。

汇集了其他地方不易买到的商品的购物网站，即使是不好用的网站，也会获得很多好评。让这个网站的好评进一步增长的捷径，不是提高用户可用性，而是上线更多更稀有的商品。

当然，好的设计和可用性是很好的，不过，服务上没有突出的地方，只是个简单易懂的网站也可以。先找到自己的长处，再发扬光大，是很重要的。

+>> **公司内的人事考核和审定评价等，在评价部下时有宽容的倾向。**

+>> **对亲人等的评价，有高估优点、低估缺点的倾向。**

+>> **评价者会害怕评价中的批判和排斥，有不想被讨厌的心理。**

网站应用

宣传差异化服务，强调优点

如果有“全国任何地方都免费送货”“积分返还率某某百分比”等其他公司没有的服务和优点，就在用户第一眼能看到的醒目位置上强调。首先实现差异化，如果用户能感受到它的魅力，即使有手续复杂、手续费稍高等问题，也会被缩小化评价。

设计和娱乐性不受限制

内容强大，也可以获得优势。比如能接触喜欢的艺术家和作品等，就能让特定用户感到幸福，即使不考虑可用性，用户也能得到满足。

设计应用三原则

- >> 找到优点，在网站首页用简单直接的方式进行宣传吧。
- >> 只要有无法模仿的内容、信息，就能成为制胜法宝。
- >> 如果内容足够吸引人，网页使用起来繁琐也不会受到用户诟病，反而会成为加分点。

55 从众
试着引发潮流吧

关键词：从众

在集体中，人们的意见会偏向某个方向，并达成一致，个人的行动和信念向着所属团体的规范靠拢。意见的变化有社会规范的影响和信息的影响。M. 谢里夫（M. Sheriff）于1935年首次发表了关于从众的实验，1952年所罗门·阿希（Solomon Asch）进行的从众实验很有名。

像暴风雨一样到来，像暴风雨一样离去

最引人注目的例子就是流行（热潮）。有的流行只在特定的年代和爱好的人中间发生，也有一些被看作社会现象，但也可以说是从众引起的现象吧。

在20世纪90年代的“AMURA”现象中，日本很多女性都模仿安室奈美惠的装扮。其中除了安室的粉丝，也包括模仿“大家都在穿的时尚”的人。

“热潮”的特征是经常获得压倒性的多数派的支持。因为“大家都在做”，所以大部分人都赞同，如果其他人不做了，就干脆地放弃，就这样，热潮消失了。

用“托儿”的实验

所罗门·阿希用“托儿”进行的实验（1955年）证明了人的从众心理。提出每个人都能100%答对的简单问题，如果在小组中混入“托儿”，人们会被“托儿”的意见所左右，正确率明显下降。

诱导从众心理的广告方法

市场营销人员当然有制造热潮的心情，怎样灵活运用从众心理呢？一个方法是，起用已经得到目标人群支持的艺人，以实现从众心理，还可以靠光环效应（详见第118页）。

另一个方法是宣传“大家都在用哦”，表示这是多数派。收集使用者的声音和调查问卷，“3个高中生中就有2人在使用”就是不错的案例。还没达到这种成果的情况下，就利用意见领袖和商品评论员的意见，增加曝光。为了让人觉得“最近经常见”，增加被看到的频率是很重要的。事实上，国外有这样的案例：新兴的女性内衣公司只以社交平台的评价和承担运费为条件，免费提供商品，引发了很大热潮。

从众行动会让对方喜欢？

如果与遇到的人有共同的爱好或者是同乡，就会产生亲近感。与对方点一样的菜、喝一样的饮料，像这样采取相同的行动，就会产生亲近感，捕捉到善意。

镜像效应（Mirroring Effect）一般认为与同感和模拟的能力以及镜像神经元有关。但是，如果明显地模仿对方，让对方感到不快，那就糟糕了，关键在于表现出若无其事的样子。

+>> **即使自己的想法不一样，在集体意见影响下也改变了自己的意见和行动的现象是从众。**

+>> **歌曲和时尚的流行和风靡，一般认为是从众的心理在起作用。**

+>> **“大家都在使用”这样的信息，可能会引发消费者的从众行为。**

网站应用

集中目标增强效果

比起单纯的“周围的人都在用”，不如“9成专业造型师都爱用”等形式限定目标用户，这样就能达到身份上的从众，提升效果。

如果没有本公司的数据就利用一般论点吧

在没有本公司产品的统计数据时，就灵活利用一般的统计数据。例如，如果有“8 成社会人在 30 多岁加入人寿保险”的信息，可以配合这些信息进行有关保险的深入探讨。

设计应用三原则

- >> 表现出“大家都在使用”来推动热潮吧。
- >> 先瞄准想与理想中的人做同样事的人群（身份的从众）。
- >> 因为热潮会快速消退，一定要获得固定粉丝的支持。

56 损失厌恶
用户在换货时有哪些不安？

关键词：损失厌恶

损失厌恶是行为经济学中，“可能会失去现在拥有的权利和财富”，阻碍“可能得到新的利益”的心理现象。以金钱为例，失去所拥有的 5 万日元的痛苦比得到 5 万日元的幸运感要大得多。

不想吃亏所以无法选择

人们在决定某些事情的时候会想避免损失。例如，买可乐的时候，很少有人会想“买来试试，不好喝的话就糟糕了”；但对于选择是去熟悉的还是没去过的餐饮店，遇到没用过的商品或服务在签约或改换的时候，都会考虑“不适合自己的话怎么办？”“如果不能用，白白浪费了怎么办？”如果无法消除这种不安，就会演变成“还是放弃吧”。

这是网络商店一直以来存在的问题之一。因为只能通过图像和文本来展示商品，难以传达手感和微妙的颜色搭配等信息。尤其是服装等商品，即使详细地描述了尺寸，也不如试穿。

不想后悔的心情

因为人基本上是害怕后悔的，会考虑自己的选择将来会不会后悔，如果不能消除不安，很多时候就不会做决定。除为避免损失之外，这也发生在选项太多导致无法选择的情况（第 48 页“果酱实验”）。

缓解不安的对策是？

让顾客消除这种不安的最有效的方法是免费尝试、全额退款保证、退货保证。因为考虑到“不合适的话就会吃亏”，所以如果能担保让顾客没有什么损失，他们就容易下决心消费了。

很多西服和鞋等试穿后如果不满意，可以推出无条件退货的服务。另外，在用户没有产生转换的网站上，常常能看到原本的图像和文本就没有提供令人信服的信息量的情况。应该先重新评估是否为用户提供了足够的信息量。

+>> **比起想要得到利益的情绪，不想吃亏的情绪更强烈。**

+>> **如果失去契约中的特权，用户会感到损失很大，所以很难改换服务。**

+>> **为了促使用户改换服务和购买新产品，有必要消除用户对损失的不安情绪。**

网站应用

为了消除不安的退款保证，注意不要成为不安因素

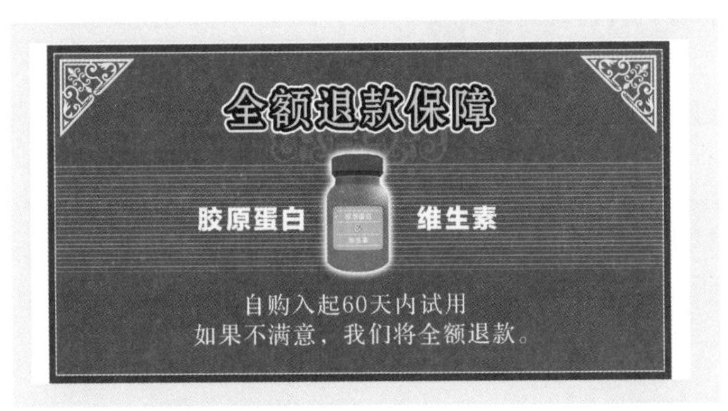

虽然这种文案看起来很有效，但其另一面就是不能轻信。越是昂贵的商品，消费者产生的“如果失败了就很糟糕”的情绪就越强烈。因此，退款保障是一个令人放心的因素。

但是，申请退款的条件越严格，越会给人“虽然有退款保证，但是商家根本不想退款”的印象，风险也会扩大，所以条件的设定要优先考虑顾客，提前对包含广告转化率在内的成果进行验证比较好。

免费“尝试”是遗憾的体验

例如，作为考虑办理健身房会员的消费者，去参加免费体验时如果被告知：“因为是免费体验，由新手教练来负责。”你会作何感想呢？顾客无法判断健身房的指导水平，也无法消除“得到的能否与入会成本匹配”的不安吧。另外，因为是免费尝试，所以把体验时间减半，也不太好。

虽然健身房也需要人工成本，但是失去了潜在顾客，对自己并没有好处。正因为是顾客考虑的重要阶段，用有经验的教练，并让顾客体验一次与平时相同的服务内容才更有效果。如果让顾客享受到超值的“尝试”服务，就能发挥“互惠原则”（详见第 60 页），也是一箭双雕。

设计应用三原则

- >> **用户都有“如果不适合自己的话怎么办”的不安。**
- >> **为了消除用户的不安，并得到用户的理解，首先要提供充分的信息。**
- >> **试用、免费样品是“吃小亏占大便宜”，要重视顾客的满意度。**

57 标签理论
标签带给用户的影响

关键词：标签理论

标签理论由美国社会学家 H. S. 贝克尔（Howard S.Becker）等在 20 世纪 60 年代提出。人物的特性受到周围贴的特定标签的很大影响，在这个标签下形成身份和行为模式。他指出，越轨行为不是越轨者制造出来的行为，而是由制定和执行规则的一方创造出来的。

比别人落后是由环境造成的？

对不及格的学生说“你果然是比别人落后啊”，就是所谓“贴标签”，被说的人会认识到自己就是落后生，会认为“学习也是徒劳”“因为比别人落后，不及格是理所当然的”，结果变得不上自习、不认真听课等，会按照被贴的标签那样思考和行动。

如果说“你会不及格，这可真少见啊”，对方可能会想“我不是一个会不及格的人”，之后积极地埋头学习。贴标签会对一个人的行动、思考产生很大的影响。

越轨者由谁来决定？

贝克尔在其著作《局外人：越轨的社会学研究》（*Outsiders: Studies in the Sociology of Deviance*）中写道：“社会集团，设置‘只要违犯规则就是越轨’的规则，并将其应用于特定的人，然后给他们贴上局外人（outsider）的标签，从而产生越轨者。”他提出越轨者是通过当事人与社会的相互作用而产生的。

贴标签也会改变消费者的行为

贴标签对消费者的行为也有很大的影响。例如，“鲤鱼女生”就是一个很好的例子。观看棒球比赛是很多男性下班回家后会做的事情，很难给人以年轻女性娱乐项目的印象。但因为有了“鲤鱼女生”这个标签，女性观看棒球的门槛降低，想得到这个标签的女性就会积极参与。实际上，在广岛鲤鱼队的比赛中，女球迷的到场次数也在增加。

“甜点男生”也是一样，原本男性很难踏进甜点店和蛋糕店，而一旦赋予他们“甜点男生”的标签，男性单独前往甜点店、蛋糕店的概率增加，店铺也能捕捉到新的目标客户。如上所述，标签有助于改变一直以来难以联系上的事物的形象，对于开拓新的目标客户很有效果。

+>> **给对方的行为和态度定一个标签的行为叫作贴标签。**

+>> **贴上标签后，对方会根据标签内容改变之后的行动和原则。**

+>> **积极的标签对吸引新顾客和开拓新领域会很有帮助。**

网站应用

贴上培养用户的标签

例如，召开某个研讨会时，对参加者说“上进心强的各位”“问题意识强的各位”，贴上这样的标签，会提高人们参加研讨会的积极性和归属感，对满意度和重复率也有好的影响。这对自我投资类的商品特别有效。

不合时宜的“标签”会起到负面作用

错误的标签反而会让用户离开。例如，打着“老年人折扣”的广告，实际上很多人即使到了年龄也不想承认自己是老年人，所以也不想接受服务。又比如，低卡路里的套餐命名为“女士套餐”，想吃的男性会因为这个名称而拒绝点餐。所以标签的用法应该慎重。

设计应用三原则

- >> 通过贴标签可以改变用户的行为和想法。
- >> 贴标签对推销用户认为和自己没有关系的商品、服务有效果。
- >> 如果弄错标签，会使目标用户敬而远之，要特别注意。

58 温莎效应
灵活运用第三方的声音

关键词：温莎效应

通过第三方来间接地传达信息，能提高信息的可信度和可靠性的心理效果。其由来是美国作家艾琳·罗马诺内斯（Aline Romanones）所著的半自传推理小说《去跳舞的间谍》（*The Spy Went Dancing*）中温莎公爵夫人的台词："第三者的赞美之词，无论何时都是最有效的。不要忘记哦，总有一天会有用的。"

为什么好评可以作为参考呢?

宣传商品时，利用好评是很多人认可的主流做法。为什么好评会有效果呢？这和发送信息的人的利害关系很大。

如果某家餐饮店对你说"我们店很好吃哦"，即使不去否认也不会全盘接受吧。如果美食家朋友说"前几天去那家店了，感觉非常好吃哦"，你会感觉得到了可靠的信息。

但是，如果知道那个朋友通过介绍店铺会得到奖励会怎么样呢？信息的可靠性应该会一下子降低吧。

也就是说，"赞美（或贬低）商品和服务不会获得特别利益的人的声音"，是最值得信赖的信息。

怎样正确应用好评?

如上所述，并不是所有第三方的好评都可以获得认可。而且如果过于刻意，可能会有不少用户持怀疑态度，"难道不是自编自演吗？""难道不是只过滤了好的评价吗？"

重点在于，如何将那些赞扬商品而不会得到利益的人的信息真实地传达出来。让用户直接看到自由发挥的评论素材当然是不行的。另外，能明显宣传出商品优点的评论，即使是真实的，也不要作为"顾客的声音"刊登出来。

温莎公爵夫人是谁?

被认为是温莎效应由来的温莎公爵夫人，本名叫华里丝·辛普森（Wallis Simpson），是出生于美国的社交界人士，是因机智幽默的谈话技巧而备受欢迎的女性。她于1916年结婚，之后离婚。1928年与船舶中介公司总经理欧内斯特·辛普森再婚，移居伦敦，成为社交界的明星。之后，她又与英国王储爱德华坠入爱河，开始了婚外恋。在不被允许结婚的情况下，王储曾以爱德华八世的名号继承王位，但为了和华里丝结婚而宣布退位。爱德华的弟弟乔治六世（伊丽莎白女王的父亲）继承了王位。

+>> **正因为是没有利益关系的第三者的声音，口碑才会有效果。**

+>> **给予好评奖励，花钱收集的话，会降低好评的可靠性。**

+>> **注意不要做出让用户怀疑的故意制造好评的行为。**

网站应用

好评的展示重点在于“不好的评价”“让对方写上名字”的真实性

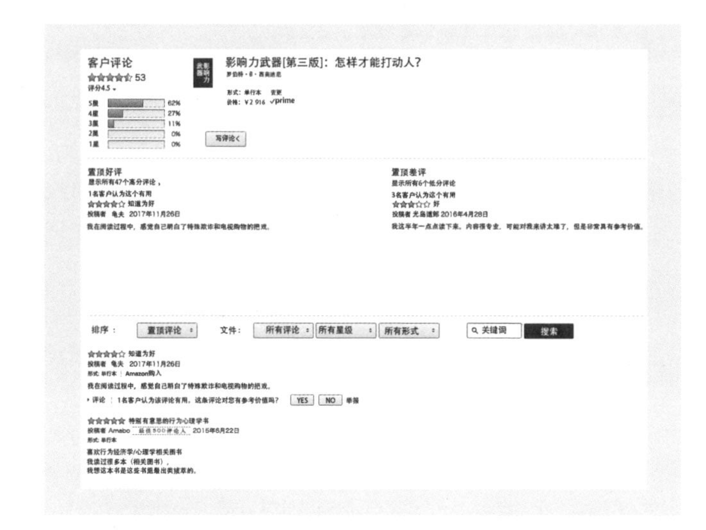

使好评发挥效果的要点：第一是数量多；第二，顾客可通过实名（网名）和头像等感受到真实的存在；第三，也要有不好的评价。如果是用明信片等方式收集的，最好能看到实物的照片。让人一眼看到平均分的展现方式也很有效。

另外，亚马逊等网站对于评价，也以“有帮助”“没有帮助”进行了第三方评价。

请与与将要购买的人站在同一立场的顾客交流吧

对于通过照片无法看出效果的服务，实际使用的“顾客的声音”会更有效。例如，在线服务会员的使用体验和老顾客的汽车试驾采访等评价记录很有效果。

这种情况，在考虑到“参照群体”（详见第 76 页）的同时，也要考虑作为代表的顾客的年龄、特征等。

设计应用三原则

- \>> 传达真实的声音很重要，不要一边倒地全部展示好评。
- \>> 注意晒图照片，照片也可能会有产生负面效果的情况。
- \>> 如果是没有利益关系的人的意见，不拘泥于好评形式也是可以的。

59 故事讲述
影响用户内心的信息传递方法

关键词：故事讲述

故事讲述就是将想要传达的信息与印象深刻的经验、小故事相结合传达的方法。比起单纯作为信息来传达，故事更容易留在对方的记忆中，有更易理解和产生更深共鸣的优势。近年来，故事讲述作为成功的呈现方法和能增加说服力的说明方法而备受瞩目。

放在故事中，就能感人肺腑

应该没有人会被实验数据和图表感动得流下眼泪吧。如果有的话，一定是因为想起了为获取实验数据和图表所付出的辛苦和努力。

例如，在告诉对方公司业绩“本期的销售额是多少亿日元”之前，讲市场情况多么严峻、背后努力的员工是怎样度过这次危机的，再传达业绩的时候就会变得大不一样。像这样，故事有着调动人情感的力量。另外，打动人心的故事很容易在社交平台分享出来，信息的传播值得期待。

一定有故事

也许有人会想，我们公司、我们品牌没有这样的故事。可令人意外的是，身边有很多能成为故事的素材。例如将看似不寻常的卫生管理工作以博客形式展示在网上，会感动很多人，人们会觉得“这是非常棒的匠人精神”“这家公司的产品可以放心使用”。

此外，开发商品的过程、与客户的交往等往往都会有令人意想不到的事情发生，挖出只有负责人本人才知道的事情也是一种方法。试着从开发者、制造部门、客户中心等相关人员中广泛寻找，肯定能找到故事。

在演讲中也能灵活运用故事

在 B to B（Business to Business，是常用电子商务模式中商家对商家的一种营销模式——译者注）商务中，用故事展示企业策划和本公司商品的机会有很多吧。这时，不是单纯地罗列数值和信息，而是从整体上通过故事展开叙述，可以吸引听众，留下记忆。

在面对面说话的情况下，通过声音的音调、与音调有重复表情等也能演绎出故事。

+>> **用叙事的方式来传达事物叫作故事讲述。**

+>> **故事的力量是让人倾听，能大幅改变话语的传播方式。**

+>> **要准备故事的话，可以采用公司内发生的小故事，试着去倾听吧。**

网站应用

在案例研究中必定会有“人”登场

在网上有很多案例研究。比如，装修公司的顾客会带着怎样的要求来委托、要实现顾客的诉求会存在什么困难，以及如何实现等，试着写成故事吧。另外，通过发布客户的感想，不仅传达了本公司的品质，也传达了对工作的态度。

另外，在招聘网页上，如果能让用户看到管理层和老员工的面孔也不错。要打动人心，还是需要有人物登场。

一定程度上故事还是“老套地展开”比较容易理解

“早上一到学校，发现鞋柜里有一封信，约我到体育馆里”，故事情节虽然有些老套，但总会令人想起什么恋爱故事吧。

像这样无聊的展开，可以让用户更快地理解，也能唤起他们与之相关的情感，对运用故事讲述是很有效果的。

设计应用三原则

- >> 信息如果通过故事传达，能够调动情绪，并留在记忆中。
- >> 人物在故事中是不可缺少的。准备能够引发共情的人物形象。
- >> 故事往往容易被埋没，把它们从身边挖掘出来吧。

60 展望理论
被限时所吸引的理由

关键词：展望理论

展望理论（prospect theory）是由“峰终定律”（详见第126页）的提出者丹尼尔·卡内曼和阿莫斯·特维尔斯基（Amos Tversky）于1979年提出的，是在不确定下的决策模式，指如果眼前有利可图，个体会优先回避得不到利润的风险；如果眼前有损失，个体会试图避免损失。“prospect”，在英语中是“前景”的意思。

即使是相同的期望值，也会左右判断

①无条件地到手100万日元。

②投掷硬币，如果是正面，会到手200万日元；如果是背面，则什么都得不到。

如果不得不做出选择，你会选择哪一个？“100%概率到手100万日元”和“50%概率到手200万日元”的期望值都是100万日元，但是很多人都选择了①。这不是金额的问题，而是因为不想错过可以得到的利益。

假设这次有200万日元的负债。

①负债无条件地减少100万日元，总额变为100万日元。

②投掷硬币，如果是正面，可以免除全部债务；如果是背面，负债总额不会改变。

卡内曼的功绩

丹尼尔·卡内曼是美国的心理学家、行为经济学家，是“行为经济学”（behavioral economics）领域的开创者。他多年的共同研究者中有阿莫斯·特维尔斯基。

在行为经济学中，不再把一直以来被认为是考虑经济基本的经济人（homo economicus）作为前提，而是根据人的心理状态和认知偏见来进行分析。

在这种情况下，容易选择②。这是因为即使承担风险，也想摆脱200万日元负债的想法会被优先考虑。

沉迷于赌博可以说是这个理论的显著案例。最初利益优先，即使是少量金额也要参加高概率获胜的赌局。但是，如果持续失败，负债增加，想要消除负债，即使是高风险，也要参加高回报的赌局。

在网络营销上灵活运用展望理论，进行限时促销活动比较有效。客户会因不想错过可以得到折扣和优惠的机会，所以产生必须在期限内购买的想法。

+>> **在不确定的情况下，人有试图避免损失的决策模式。**

+>> **从展望理论可以看出，比起获得利益，人会更重视损失的风险。**

+>> **人对利益“丧失获得的机会”和“损失”的风险有强烈的反应。**

网站应用

抓住机会，争取“利益”

这是不想错过利益的模式。顾客会觉得，如果自己能抽中免单的话买很少的东西不太划算，早晚也要买的必需品就在这时购买吧。对于销售方来说，虽然中奖者的购买金额或多或少，但100人中有1人免费，理论上就约等于整体上1%的折扣，实际上相比于给顾客的视觉冲击效果，也有投资少的优点。

权利和积分应设置有效期限，强调“损失”

这是想避免损失的模式。“与其眼睁睁地失去积分，不如把积分用掉”的心理在产生作用。

但是，如果放任不管，很多人不会注意期限，需要用邮件等方式来通知他们。将能用积分购买的商品和有购买记录的消耗品合并推荐，会更加有效。

设计应用三原则

- >> 快要到手的利益，相比于其大小，更重视确实性。
- >> 即使承担风险，也想避免（挽回）损失。
- >> 灵活运用到促销活动的设计中吧。

61 目标梯度假说
看到目标，动力加速

关键词：目标梯度假说

越接近终点，动力越强，就越有积极行动的倾向。美国心理学家克拉克·赫尔（Clark Hull）在迷宫终点放上饵料，让老鼠在迷宫中跑，发现越是接近终点，老鼠跑得越快。他以此为开端，对人是否也会有同样的倾向进行实验，发现了相同的效果。

令人想要收集的集点卡的秘密

大家都有从店铺得到集点卡的经历吧，这时有没有想或不想收集的想法呢？即使是经常光顾的店，因为到目标距离的设定方式不同，想要收集这些卡的心情也会发生很大变化。

如果拿到以下三种集点卡，最想收集起哪个来呢？

新行为主义心理学

提出“目标梯度”的美国心理学家克拉克·赫尔（1884—1952），是20世纪中期在心理学界具有重大影响力的学者之一。他是对行为主义心理学进行改良的新行为主义心理学的核心人物，尤其以利用数理模型说明过程而闻名。

（1）收集10个印章可减500日元

集点卡

1	2	3	4	5
6	7	8	9	10

（2）收集12个印章可减500日元，并已获赠2个印章

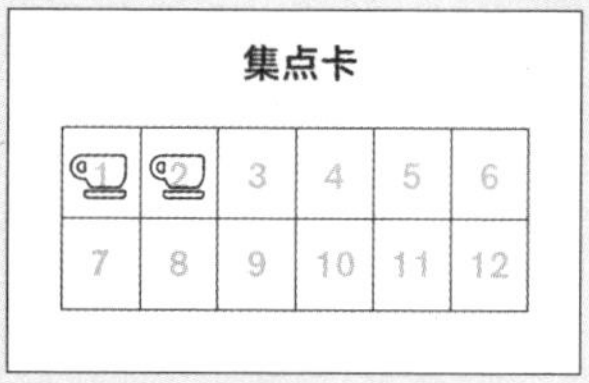

集点卡

1	2	3	4	5	6
7	8	9	10	11	12

（3）收集30个印章减1 500日元

集点卡

1	2	3	4	5	6	7	8	9
10	11	12	13	14	15	16	17	18
19	20	21	22	23	24	25	26	27
28	29	30	31	32	33	34	35	36

（1）和（2）中，顾客在享受折扣前所需收集的印章数相同，而且对每个印章的期待值也相同。然而，在这种情况下，（2）更能使顾客积极地收集印章。

这与到终点的距离有关。因为（2）需要收集12个印章，剩下10个印章，从数量上讲与（1）是一样的，但最初的2个印章已从店铺获得，会让顾客感觉到收集进度向前推进了，（2）比（1）更接近终点。越接近终点，来店的频率就越大，达成目标的动力也越强。

+>> **人越接近目标就越有动力，越快要达成目标行动速度越快。**

+>> **为了让顾客达成目标，通过给予顾客一点帮助等，使他们增加动力。**

+>> **为了提升顾客的动力，有必要让顾客看到自己能达成的目标。**

网站应用

灵活运用于等级制度的设计中

把使用教程变成完成任务的方式，根据不同情况，准备完成后的奖励。从必须、简单的任务开始，在此基础上，设置让顾客深入体验服务特点，以及扩散到朋友圈等任务。顾客因为想要完成目标，完成有一点难度的任务的可能性会变高。

左图是登录到 Dropbox 之后，就会收到的步骤邮件。

让目标看起来近在眼前

以上两个案例所展示的情形是一样的。案例 1 是通过稀缺性原理（详见第 124 页），让顾客产生“不早点买就来不及了”的心情。不过，案例 2 更能发挥目标梯度的效果。在这种情况下，“销售额新纪录挑战”等能够把用户带入其中，以达到新纪录为目标来演绎就好。

设计应用三原则

- >> **将大目标分解，设定小目标。**
- >> **通过将目标的进度可视化，提升顾客的动力。**
- >> **快到终点时，要好好与顾客交流。**

专栏
严禁多用？充分考虑后再去使用的谈判技巧

在这里，想介绍几个可以熟练掌握用户心理，满足自己的要求，能够深入对方内心的谈判技巧。

1. 低球技术（low ball technics）

也被称为优惠取消法、先获承诺请求法。先提出容易接受的条件，获得承诺后追加条件，或者是最初提出的优惠在得到承诺后取消。

例如，“邀请用户加入商品监督员”，在用户接受后告知：需要“花费8小时”“早上6点钟集合”等。相比一开始就说“邀请加入早上6点钟集合、花费8小时的商品监督员”，更容易获得对方的同意。

如果用户不满之后提出的条件，也许会想当初拒绝就好了，但是由于一贯性原理的心理，拒绝曾经承诺过的事情会使人感到内疚，就会有接受的倾向。

2. 登门槛（foot in the door）效应

上门销售的推销员只要把脚踏进门，就能最终成交，因此而得名。如果先答应了推销员一个简单的请求，那么更大的请求也会随之变得容易接受。例如，不要突然登门造访请求捐款，而是请求在请愿书上签名，如果对方答应了，那么下次就请求捐款。这也是根据一贯性原理，一旦答应过就尽量不要拒绝的心理在起作用。

3. 留面子（door in the face）效应

也被称为以退为进，从有些过分的请求进入，被拒绝后慢慢降低难度，从而更容易得到同意。拒绝了几次后，人会产生内疚感，如果是自己力所能及范围内的事情，就会想要去应对。

重点是要从比本来目的更难一点的请求开始。例如，如果想让准备下班的同事帮忙工作，可以从“明天休息日，能请你来加班吗？”→“能加班到末班车时间吗？”→“能请你花30分钟帮我个忙吗？”这样不断降低要求，同事会更容易接受。

这些手段在谈判中是惯用的，但如果用户有被欺骗、拒绝不了的心理，长远来看会成为负面因素，在市场营销时，充分考虑后再去使用吧。

参考文献

D. A. ノーマン（2015）『誰のためのデザイン？　増補 改訂版』新曜社

Susan Weinschenk（2012）『インタフェースデザインの心理学』オライリージャパン

Susan Weinschenk（2016）『続 インタフェースデザインの心理学』オライリージャパン

Jeff Johnson（2015）『UI デザインの心理学』インプレス

Jenifer Tidwell（2011）『デザイニング インターフェース 第2版』オライリージャパン

川島康平（2008）『お客をつかむウェブ心理学』同文館出版

鹿取廣人，杉本敏夫，鳥居修晃 編（2017）『心理学 第5版』東京大学出版会

友野典男（2006）『行動経済学』光文社新書

リチャード セイラー，キャス サンスティーン（2009）『実践 行動経済学』日経BP 社

北岡明佳（2005）『現代を読み解く心理学』丸善出版

無藤隆，池上知子，福丸由佳，森敏昭　編（2009）『よくわかる心理学』ミネルヴァ書房

マッテオ モッテルリーニ（2009）『世界は感情で動く』紀伊國屋書店

田村修（2017）『いちばんやさしいデジタルマーケティングの教本』インプレス

守口剛，竹村和久 編著（2012）『消費者行動論』八千代出版

中島義明ほか 編（1999）『心理学辞典』有斐閣

索引

X

Y

Z

结语

非常感谢读者读完本书。

写这本书的契机，源于一位编辑关注了我个人博客上关于认知心理学的文章，邀请我出书。

我开始写博客，是因为在制作客户的网站时，考虑到自己并没有运营过网站，应该从客户的视角来考虑问题。

由于自己运营博客，像这次接受了出书的委托，分享到社交平台上，PV 数（阅读量）就发生了很大变化，这使我学到了很多，也做了很多，感觉非常好。

我认为最大的发现是在博客上发布内容是非常重要的。这些将自己所想记录下来的文章，从有趣的切入点写下的内容，会被反复阅读。如果写出来的内容自己都感到缺乏逻辑，这样的文章就没人会读。

我又想起了下面这段话。这段话曾在网上被广泛传播。

“这是一个网页。

这里没什么。

有的只是语言。”

以此为开头的网页，道出了语言才是网站设计的本质，引起很多人的共鸣。

然而，有了好的内容，能不能很好地传达其魅力，这一点也很重要。为此，我在书中叙述了很多技巧，希望读者能够用起来。

好不容易写下了很好的内容，却没能很好地传达，明明是非常好的商品，却卖不出去，对有这些烦恼的读者，希望本书可以助你一臂之力。

中村和正

2018 年 8 月